中国数字市政发展报告
（2011~2012）

郭理桥　主编
山东泰华电讯有限责任公司　承编

中国建筑工业出版社

图书在版编目（CIP）数据

中国数字市政发展报告（2011~2012）/郭理桥主编.
北京：中国建筑工业出版社，2012.12
ISBN 978-7-112-14964-3

Ⅰ.①中… Ⅱ.①郭… Ⅲ.①数字技术—应用—市政工程—研究报告—中国—2011~2012 Ⅳ.①TU99-39

中国版本图书馆CIP数据核字（2012）第288995号

责任编辑：张幼平
责任设计：赵明霞
责任校对：陈晶晶 赵 颖

中国数字市政发展报告
（2011~2012）
郭理桥 主编
山东泰华电讯有限责任公司 承编

*

中国建筑工业出版社出版、发行（北京西郊百万庄）
各地新华书店、建筑书店经销
华鲁印联（北京）科贸有限公司制版
北京云浩印刷有限责任公司印刷

*

开本：787×1092毫米 1/16 印张：12¾ 字数：317千字
2013年1月第一版 2013年1月第一次印刷
定价：**42.00**元
ISBN 978-7-112-14964-3
（23038）

版权所有 翻印必究
如有印装质量问题，可寄本社退换
（邮政编码 100037）

《中国数字市政发展报告 2011~2012》
编写委员会

编委会主任：郭理桥

副 主 任：马述杰 修春海

委 员（以姓氏笔画为序）

　　　　王继东 石 明 吕建军 刘东伟

　　　　刘 琨 张 坤 郎宝军

顾 问：戴佈和 张新举 丁有良 林剑远

　　　　万碧玉 许杭伟

编写组组长：马述杰

编写组成员（以姓氏笔画为序）

　　　　刘 鲁 许 栋 李明苹 李建平 李 智

　　　　何 川 陈东义 周开锐 周永利 郑 超

　　　　单强炜 赵洪宾 胡晓东 段鹏波 郭 锐

　　　　郭建平 涂宇峰 龚祖波 谭 文

序

"数字城市"作为一个不断发展和演变的概念,从最初以"数字城管"为龙头,发展到今天,已逐步转向以信息资源的开发利用为核心,以信息共享为灵魂,角色由管理者逐渐过渡到服务提供者,即开始由管理城市部件转向服务城市民众,与当下正在倡导的"智慧城市"有了内在的关联。

我们倡导的"智慧城市",就其背景来讲是承担着新型的城镇化道路的探索,就其方法来说是如何运用系统、控制的思维智慧地规划、建设、管理、运行现代城市,核心是建立一个由新工具、新技术支持的涵盖政府、企业、个人的城市生态系统的优化;它向各行各业提供具备更透彻感知、全面互联互通和更深入智能化等特征的便捷服务的基础设施,通过这些基础设施提供应用和服务,从而运用信息技术手段更透彻地感知和掌握整个城市,更畅通的进行交流和协作,更敏锐地对事关城市发展和市民生活的问题实现洞察。

正在这样一种意义上,"数字市政"——狭义上指基于市政公用基础设施的数字化、网络化、可视化和智能化而构建的纵向贯通、横向集成、上下联动的市政管理运行体系——作为"数字城市"的一个重要组成部分,已经不再是一个纯技术和工程的概念,而是集技术、管理、人文、经济于一体,获得了更为广义的内涵:通过信息化手段掌握市政公用行业的运行状态与规律,保障与老百姓息息相关的市政公用产品的稳定供给。

市政公用行业是城市服务功能的重要载体,是城市经济和社会发展的先导性基础产业。发达国家和地区的城市基础设施管理和服务的信息化体系建设有近 30 年历史,已形成相对完善的理论体系,积累了丰富的实施经验。如美国、加拿大、日本、德国、法国等发达国家,在供排水、煤气、路灯、道桥、电力等公用事业方面已广泛应用地理信息系统。最近十余年来,综合性的城市市政信息系统在发达国家相继建立。

国内城市市政基础管理运行的信息化起步较晚,但发展迅速,已具有一定基础。早期市政基础设施管理系统多采用国外 GIS 平台,随着国产地理信息系统的迅速成熟,越来越多的城市开始在国产 GIS 平台上建立市政基础设施管理系统。进入 21 世纪以来,城市级和企业级的基础设施信息综合集成系统开始出现。"十一五"期间,国家科技支撑重点计划项目的"城市市政基础设施管理与运营关键技术研究与示范"课题完成了市政基础设施综合集成管理平台和包括供水、排水、燃气、照明、道桥、园林、公交七个专业子系统,提出"1+7"市政信息化建设模式。"城市市政管网信息管理系统及可视动态管理系统研究"课题深入研究了市政管网的可视化技术,及综合信息管理和应急处理的相关技术。"城市市政管网预警、决策与系统控制研究"课题的研究实现了行政主管部门和专业单位的设施信息化管理,并建立两级市政设施数据的同步更新。

纵观国内城镇市政信息化建设,虽然已经取得了一定成效,但也存在着以下问题:

1. 城镇市政信息难以互联、互通、互用,难以城镇市政行业集成管理与高效运营的要求。

2. 城镇市政多主题动态时空数据的整合集成技术不足，难以完全实现信息共享，导致城镇市政综合监管水平不够。

3. 城镇市政时空数据利用率低下，智能分析和决策模拟技术不足，制约了城镇市政应急响应能力的提高。

城镇市政设施信息及动态运行信息和与之相关的地形、环境信息具有空间分布性、时变性、数据量大、载体多样等特点，具有典型的空间特征和时间特征，从根本上讲是时空信息。因此，市政信息化建设需基于数字市政时空信息管理平台，提供城镇市政时空数据整合、城镇市政时空数据智能集成分析、城镇市政综合运行管理智能化空间决策支持等核心技术，解决国内城镇市政信息化建设存在的问题，有力支撑数字市政的建设。

市政行业建设的是公共工程，生产的是公共产品，关联的是公共利益，影响的是公共安全，提供的是公共服务，与社会公众生命财产安全、生活水平息息相关，因此，数字市政在集成、共享城市供水、供气、供热、道桥、公共交通等信息资源的同时，将为构建宜居、宜业、安全、便捷的城市环境作出巨大贡献，为城市的可持续发展奠定基础。

前 言

城市是社会进步和人类文明的标志，在国家和地区的经济发展和社会进步中起着先导作用。而在城市现代化建设进程中，科学的市政管理同样起着决定性的作用，它是整个国家管理的有机组成部分。市政公用事业的发展水平在一定程度上体现了城市的发展阶段和质量，体现了政府管理社会的能力和水平，关系到城市经济和社会的可持续发展。

随着我国城镇化进程的加快，城市人口急剧膨胀、规模迅速扩大，城镇正常运行所必需的资源需求量越来越大。在城镇功能日趋复杂、城镇系统日益精细的情况下，如何保障市政公用基础设施持续正常、稳定、有序运行，保证民生和社会和谐，是一项复杂的系统工程。它不仅有赖于市政主管部门规划、监管、协同的组织管理能力，也有赖于城镇公共交通、热力、燃气、水务、防汛、照明、道桥、市容环境等十数个市政公用行业建设的现代化水平。

市政公用业务范畴，包括城镇市政公用基础设施的规划、建设、运营与维护，公共服务事业管理、公共服务质量监管和市政管理综合执法，涵盖城镇供水、城镇排水、城镇燃气、城镇供热、道路桥梁、城镇防汛、城镇照明、公共交通、环境卫生、园林绿化、广告牌匾等诸多行业。市政管理的正常科学运行需要借助现代化的科技手段，有赖于"覆盖全面、反应灵敏、功能齐全、协调有序、运转高效、统一指挥"的"数字市政"信息化系统建设。

数字市政系统的建设，不仅可以让相关部门掌握市政公用基础资源，把控城镇系统的运动状态，同时也可提升政府部门的规划、监管和协同能力，提高市政各行业的科技含量和现代化建设水平；实现信息化、标准化、精细化、动态化的建设目标，保证市政管理中出现的各类问题都能够提前发现、及时处理、快速解决；同时，在市政各部门之间建立起沟通快捷、分工明确、责任到位、反应快速、处置及时的运行机制和监管体系，最终实现市政公用产品供给的安全和服务持续提高，配合节能减排国家战略的落实，使城镇成为有利于人类生存与可持续发展的空间。

本报告在写作过程中，得到了住房和城乡建设部多位领导的支持和关怀。首先要感谢仇保兴副部长、科技司郭理桥副司长、信息中心戴佈和处长等领导对本报告的大力支持，同时感谢中国城市科学研究会、数字城市专业委员会、济南市市政公用事业局、长春市市政公用局、北京市市政市容管理委员会、常州市建设局、重庆燃气（集团）有限责任公司等单位对本报告提出的宝贵意见和建议，本报告的形成和定稿也融汇了它们大量的心血和智慧。报告在写作过程中，参阅了大量的国内外论文、著作和文献资料，在此，谨向这些文章的作者表示感谢。此外还要感谢所有关注本报告的专家、学者及各界友人。

目　录

第一篇　机遇与挑战

第1章　中国市政公用事业发展特征与问题 … 2
 1.1　市政公用事业的定义 … 2
 1.2　市政公用事业快速发展 … 3
 1.3　市政公用事业面临的问题 … 5

第2章　数字市政促进行业健康发展 … 7
 2.1　数字市政建设的必要性和意义 … 7
 2.2　数字市政建设的目标和任务 … 8

第二篇　数字市政的概念和发展

第3章　数字市政的概念 … 12
 3.1　数字市政的兴起 … 12
  3.1.1　数字中国 … 12
  3.1.2　数字城市与智慧城市 … 12
  3.1.3　从数字城市到"数字市政" … 13
 3.2　数字市政的特征 … 14

第4章　数字市政的发展 … 16
 4.1　国外数字市政的发展 … 16
  4.1.1　美国 … 16
  4.1.2　英国 … 18
  4.1.3　新加坡 … 20
  4.1.4　日本 … 21
  4.1.5　对比分析 … 22
  4.1.6　国外发展经验总结 … 23
 4.2　国内的发展实践 … 24
 4.3　国内的发展路线 … 26

第三篇 数字市政的框架

第5章 数字市政的时空概念 ………………………………………………… 32
5.1 数字市政的时空特性 ……………………………………………………… 32
5.2 数字市政的时空数据库模型 ……………………………………………… 33
5.2.1 面向对象时空数据库模型的概念 …………………………………… 33
5.2.2 面向对象时空数据库模型的特点 …………………………………… 35
5.3 基于时空信息的业务模型 ………………………………………………… 36
5.3.1 资源管理（R） ………………………………………………………… 37
5.3.2 安全预警（s） ………………………………………………………… 38
5.3.3 公共服务（s） ………………………………………………………… 39
5.3.4 运行节能（e） ………………………………………………………… 40

第6章 数字市政的框架体系 ………………………………………………… 41
6.1 总体框架 …………………………………………………………………… 41
6.1.1 时空信息管理层 ……………………………………………………… 42
6.1.2 政府监管决策层 ……………………………………………………… 46
6.1.3 行业综合应用层 ……………………………………………………… 47
6.2 城镇市政公用信息化建设内容 …………………………………………… 48
6.2.1 市政综合时空信息枢纽建设 ………………………………………… 48
6.2.2 城镇市政精细化管理公共信息平台 ………………………………… 51
6.2.3 市政综合监管决策平台 ……………………………………………… 52
6.2.4 市政公用应急指挥 …………………………………………………… 55
6.2.5 市政信息公众服务 …………………………………………………… 56
6.2.6 市政公用行业微观运营支撑系统 …………………………………… 57
6.3 标准体系 …………………………………………………………………… 61
6.3.1 建设原则及范围 ……………………………………………………… 62
6.3.2 总体标准 ……………………………………………………………… 63
6.3.3 信息资源标准 ………………………………………………………… 63
6.3.4 共享信息标准 ………………………………………………………… 69
6.3.5 运行运营标准 ………………………………………………………… 70
6.3.6 项目管理标准 ………………………………………………………… 71
6.4 关键技术 …………………………………………………………………… 71
6.4.1 3S技术 ………………………………………………………………… 71
6.4.2 虚拟现实技术 ………………………………………………………… 72
6.4.3 云计算 ………………………………………………………………… 73
6.4.4 物联网 ………………………………………………………………… 74

第四篇　数字市政的探索与实践

第7章　数字市政市级应用示范 …………………………………………………… 78
7.1　济南市数字市政工程 ………………………………………………………… 78
  7.1.1　项目背景 …………………………………………………………………… 78
  7.1.2　工程概况 …………………………………………………………………… 78
  7.1.3　设计思想 …………………………………………………………………… 78
  7.1.4　总体框架 …………………………………………………………………… 79
  7.1.5　建设目标 …………………………………………………………………… 80
  7.1.6　建设内容 …………………………………………………………………… 81
  7.1.7　项目创新 …………………………………………………………………… 98
  7.1.8　建设效益 …………………………………………………………………… 100
7.2　长春市市政公用综合监管系统 ……………………………………………… 101
  7.2.1　项目背景 …………………………………………………………………… 101
  7.2.2　工程概况 …………………………………………………………………… 101
  7.2.3　总体框架 …………………………………………………………………… 102
  7.2.4　建设内容 …………………………………………………………………… 103
  7.2.5　项目创新 …………………………………………………………………… 106
  7.2.6　建设效益 …………………………………………………………………… 109
7.3　常州市数字市政业务集成系统 ……………………………………………… 110
  7.3.1　项目背景 …………………………………………………………………… 110
  7.3.2　工程概况 …………………………………………………………………… 110
  7.3.3　设计思想 …………………………………………………………………… 110
  7.3.4　总体框架 …………………………………………………………………… 111
  7.3.5　建设目标 …………………………………………………………………… 112
  7.3.6　建设内容 …………………………………………………………………… 112
7.4　北京市数字市政管理服务系统 ……………………………………………… 116
  7.4.1　项目背景 …………………………………………………………………… 116
  7.4.2　工程概况 …………………………………………………………………… 116
  7.4.3　设计思想 …………………………………………………………………… 116
  7.4.4　总体框架 …………………………………………………………………… 118
  7.4.5　建设目标 …………………………………………………………………… 119
  7.4.6　建设内容 …………………………………………………………………… 120
  7.4.7　建设效益 …………………………………………………………………… 125

第8章　数字供水 …………………………………………………………………… 126
8.1　数字供水的背景 ……………………………………………………………… 126
8.2　数字供水的概念 ……………………………………………………………… 127
8.3　数字供水的应用服务及实现手段 …………………………………………… 127

8.4　示范工程介绍 …………………………………………………… 129
　　8.4.1　项目背景 ………………………………………………… 129
　　8.4.2　总体框架 ………………………………………………… 130
　　8.4.3　建设内容 ………………………………………………… 131
　　8.4.4　项目创新 ………………………………………………… 144
　　8.4.5　建设效益 ………………………………………………… 144

第9章　数字排水 …………………………………………………… 146
9.1　城市排水管理现状及存在问题 ………………………………… 146
9.2　数字排水的概念 ………………………………………………… 147
9.3　排水系统的数字化需求及建设内容 …………………………… 147
　　9.3.1　排水系统的数字化需求 …………………………………… 147
　　9.3.2　数字排水的建设内容 ……………………………………… 148
9.4　示范工程 ………………………………………………………… 150
　　9.4.1　项目概况 ………………………………………………… 150
　　9.4.2　总体框架 ………………………………………………… 151
　　9.4.3　建设内容 ………………………………………………… 152
　　9.4.4　建设效益 ………………………………………………… 162

第10章　数字照明 …………………………………………………… 164
10.1　数字照明的背景 ………………………………………………… 164
10.2　数字照明的概念 ………………………………………………… 165
10.3　数字照明的应用服务及实现手段 ……………………………… 165
　　10.3.1　数字照明的建设目标 …………………………………… 165
　　10.3.2　信息化的实现和意义 …………………………………… 166
10.4　示范工程介绍 …………………………………………………… 167
　　10.4.1　项目概况 ………………………………………………… 168
　　10.4.2　总体框架 ………………………………………………… 168
　　10.4.3　建设内容 ………………………………………………… 169
　　10.4.4　项目创新 ………………………………………………… 175
10.5　建设效益 ………………………………………………………… 175

第11章　数字供气 …………………………………………………… 177
11.1　数字燃气的背景 ………………………………………………… 177
11.2　数字供气的概念 ………………………………………………… 178
11.3　数字燃气的应用服务及实现手段 ……………………………… 178
　　11.3.1　数字燃气的建设目标 …………………………………… 178
　　11.3.2　信息化手段实现 ………………………………………… 179
11.4　示范工程介绍 …………………………………………………… 181
　　11.4.1　项目背景 ………………………………………………… 181
　　11.4.2　总体框架 ………………………………………………… 181
　　11.4.3　建设内容 ………………………………………………… 181

11.4.4 项目创新 ………………………………………………………………… 185
11.4.5 建设效益 ………………………………………………………………… 185

第五篇　数字市政的展望

参考文献 …………………………………………………………………………… 191

第一篇
机遇与挑战

我国正处于快速城镇化阶段,城镇化将成为新时期市政公用行业发展的新动力。随着市政公用基础设施建设资金投入的快速增长,市政公用事业有了长足的发展,设施水平显著提高,市政公用事业改革稳步推进。

数字市政借助现代信息技术的快速发展与进步为市政公用事业的管理创新提供了技术支撑。数字市政的建设和发展将促进城镇管理进程的健康向上,推动众多衍生问题的解决,最终实现"宜居、宜业、安全、便捷"的发展目标。

第1章 中国市政公用事业发展特征与问题

1.1 市政公用事业的定义

所谓市政公用事业，是指那些涉及国计民生、公共利益及有限公共资源配置并具有自然垄断特点的行业，它为公众或不特定的多数人提供公共使用或共同使用并具有一定目标和规模，是城镇经济和社会发展的载体。

市政公用事业直接关系到社会公共利益，关系到人民群众的生活质量，关系到城镇经济和社会的可持续发展。主要包括：1.供水；2.节水；3.排水；4.供气（天然气和人工煤气）；5.供热；6.电力；7.环境卫生；8.污水处理；9.垃圾处理；10.城镇绿化；11.公共交通；12.道路与桥梁；13.城镇照明；14.广告牌匾；15.电信；16.邮政；17.其他（如运河、港口、机场、防洪、地下公共设施及附属设施的土建、管道、设备安装工程等）。

市政公用事业具有以下特点：一，公众性，即其消费者应当是公众或不特定的多数人，它关系到一定范围内的许多人的利益；二，公用性，即这些人在消费公用产品时，必定是共同使用而不是各自单独享用；三，规模性，即具有一定规模并对社会发展有所影响，而且其大多具有规模效应和自然垄断的特性。

市政公用基础设施是既为物质生产又为人民生活提供一般条件的公共设施，是城镇赖以生存和发展的基本设施。这是在 20 世纪 40 年代中后期，发展经济学家姆里纳尔·达塔·乔德赫里提出的对市政公用基础设施的定义。我国的城镇市政公用基础设施分为技术性设施和社会性设施两大类。技术性市政公用基础设施包含水资源与给、排水系统、能源系统、交通系统、通讯系统、环境系统、防灾系统等。社会性市政公用基础设施包含行政管理、金融保险、商业服务、文化娱乐、体育运动、医疗卫生、教育、科研、宗教、社会福利、大众住房等。

数字市政构建的基础是技术性市政公用基础设施，主要包括以下几大类：

1. 城镇给水工程设施：城镇取水工程、净水工程、输配水工程等设施；
2. 城镇排水工程设施：城镇排水工程、防汛工程等设施；
3. 城镇供气工程设施：燃气气源工程、储气工程、输配气管网工程等设施；
4. 城镇供热工程设施：供热热源工程和传热管网工程等设施；
5. 城镇供电工程设施：城镇电源工程电厂、区域变电站、输配电网络工程等设施；
6. 城镇交通工程设施：城镇照明、道路与桥梁、公共交通等分项工程设施；
7. 城镇通信工程设施：邮政、电信、广播、电视等四个分项工程设施；
8. 城镇环境卫生工程设施：城镇垃圾处理厂（场）、垃圾填埋场、垃圾收集站、转运站、车辆清洗场、环卫车辆场、公共厕所以及城镇环境卫生管理设施。城镇环境卫生工程设施的功能是收集与处理城镇各种废弃物综合利用，变废为宝，清洁市容，净化城镇环境；

9. 城镇防灾工程设施：城镇消防工程、防洪潮汛工程、防震工程、防空袭工程及救灾生命线系统。

1.2 市政公用事业快速发展

在计划经济体制下，我国市政公用事业按行业、地域划分成若干条块，按条块组成企业，绝大多数企业是作为事业单位来进行运营管理的。与此相对应，政府设立若干管理部门，直接管理企业的人、财、物和生产任务，企业收入全部上缴财政，支出由财政包干供给，实行"收支两条线"。企业的所有权、经营权均由政府掌握。这种模式在新中国成立初期资源极度贫乏、百废待兴的情况下发挥了巨大的作用，政府得以在较短的时间内集中有限的财力，历经连年战乱的城镇恢复了生机，全国政治、经济局势稳定，并初步构建起国民经济发展的骨架。

改革开放以来，传统的计划经济体制发生了很大变化，市场化程度逐步提高，城镇化进程加快，市政公用事业随之进行了一系列的改革。特别是"十五"、"十一五"期间，我国市政公用事业得到了快速发展。

截至2011年，中国城镇化率达到了51.27%，城镇人口为6.9079亿人，城镇化规模居全球第一，预计到2050年将会达到70%。随着城镇化进程的不断加快，城镇基础设施建设投入不断加大，据测算，国家为城镇化投入的基础设施建设资金高达40万元/人。也就是说，平均一位农民成为城镇居民，国家要花费40万元。如以每年1%的城镇化速度计算，我国每年的进城人口达1300万，需要财政投入52000亿元，约等于国内生产总值39万亿元的13%。2010年我国在城镇市政公用基础设施方面的固定资产投资额突破1万亿元，达到14305.9亿元，预计"十二五"期间此项投资总额将超过7万亿元。

随着市政公用基础设施建设资金投入的快速增长，市政公用事业有了长足的发展，主要体现在设施水平显著增强，市政公用事业改革稳步推进。

1. 市政公用基础设施水平有了较大的提高，供给与服务能力明显增强

1）设施水平变化情况

2010年底，全国用水普及率96.68%，比2005年增长了5.59个百分点，是1981年的1.8倍；燃气普及率92.04%，比2005年增长了9.96个百分点，是1981年的7.9倍；污水处理率82.31%（其中污水处理厂集中处理率为73.76%），比2005年增加了30.36个百分点，是1991年的5.5倍；生活垃圾无害化处理率77.94%，比2005年增长了25.97个百分点，是1991年的2.2倍；城镇建成区绿化覆盖率38.62%，比2005年增长了6.08个百分点，是1986年的2.3倍；人均公园绿地面积11.18平方米，比2005年增长了3.29平方米，是1981年的7.5倍；人均道路面积13.21平方米，比2005年增长了2.29平方米，是1981年的7.3倍。

设施水平变化情况　　　　　　　　表1-1

序号	行业	类别	2010年	与2005年比较	与早期比较
1	供水	用水普及率	96.68%	增长5.59个百分点	1981年的1.8倍
2	供气	燃气普及率	92.04%	增长9.96个百分点	1981年的7.9倍
3	污水处理	污水处理率	82.31%	增长30.36个百分点	1991年的5.5倍
4	生活垃圾	生活垃圾无害化处理率	77.94%	增长25.97个百分点	1991年的2.2倍
5	城镇绿化	城镇建成区绿化覆盖率	38.62%	增长6.08个百分点	1986年的2.3倍
		人均公园绿地面积	11.18平方米	增长3.29平方米	1981年的7.5倍
6	道路	人均道路面积	13.21平方米	增长2.29平方米	1981年的7.3倍

2）设施供给能力变化情况

1978年至2010年，城镇供水综合生产能力从2530.4万立方米/日增长到27601.5万立方米/日（10.9倍），用水人口从6267.1万人扩大为38156.7万人（6.1倍）。城镇燃气供气总量从436152万立方米增长到20355242万立方米（46.7倍），用气人口从1109万人扩大为36326万人（32.8倍）。排水管道长度从19556公里增加到369553公里（18.9倍，其中污水管道130255公里），污水处理厂的日处理能力从64万立方米/日增长到10436万立方米/日（163倍）。集中供热面积从1981年的1167万平方米增长到2010年的435668万平方米（373.3倍）。垃圾无害化日处理能力从1979年的1937吨/日增长到2010年的387607吨/日（200.1）。公园绿地面积从1981年的21637公顷增长到2010年的441276公顷（20.4倍）；建成区绿化覆盖面积从1990年的246829公顷增长为2010年1612458公顷（6.5倍）。城镇道路总长度、道路面积和人均道路面积与1978年相比，分别增长10.9倍、23.1倍和4.5倍；2010年末，全国有12个城镇建成轨道交通线路，长度1429公里，全国在建轨道交通线路长度1741公里。

设施供给能力变化情况　　　　　　　　表1-2

序号	行业	类别	2010年数据	早期数据	倍数
1	供水	综合生产能力	27601万立方米/日	2530万立方米/日（1978年）	10.9倍
		用水人口	38156.7万人	6267.1万人（1978年）	6.1倍
2	燃气	供气总量	20355242万立方米	436152万立方米（1978年）	46.7倍
		用气人口	36326万人	1109万人（1978年）	32.8倍
3	排水	管道长度	369553公里	19556公里（1978年）	18.9倍
4	污水处理	污水处理厂的日处理能力	10436万立方米/日	64万平方米/日（1978年）	163倍
5	供热	集中供热面积	435668万平方米	1167万平方米（1981年）	373.3倍
6	环境卫生	垃圾无害化日处理能力	387607吨/日	1937吨/日（1979年）	200.1倍
7	园林绿化	公园绿地面积	441276公顷	21637公顷（1981年）	20.4倍
		建成区绿化覆盖面积	1612458公顷	246829公顷（1990年）	6.5倍
8	道路	道路总长度	294443公里	26966公里（1978年）	10.9倍
		道路面积	521322公里	22539公里（1978年）	23.1倍
		人均道路面积	13.21平方米	2.93（1978年）	4.5倍

3）各行业建设投资增长情况

"十一五"时期，我国市政公用基础设施建设投资总额为44499.6亿元，是"十五"时期投资总额（20301.9亿元）的2.2倍。城镇供水行业累计投资增长57.2%，排水行业累计投资增长79.9%，燃气行业累计投资增长61.8%，城镇供热行业累计投资增长105.3%，公共交通行业累计投资增长283.5%，园林绿化行业累计投资增长222.0%，市容环卫行业累计投资增长147.9%，市政道路桥梁累计投资增长142.5%。

各行业建设投资增长情况　　　　　　　　　　　　　　　　　　表1-3

序号	行业	"十一五"总投资（亿元）	"十五"总投资（亿元）	总投资增长
1	供水	1529.1	972.8	57.2%
2	排水	2868.9	1595	79.9%
3	燃气	951.6	588.1	61.8%
4	供热	1525.2	742.8	105.3%
5	公共交通	6043.8	1575.8	283.5%
6	园林绿化	4815.7	1495.4	222.0%
7	市容环卫	1157.7	467.0	147.9%
8	道路桥梁	21219.3	8751.9	142.5%

2. 各地积极探索，推进市政公用事业改革

为深入贯彻十七大精神，保证公众利益和公共安全，促进城镇市政公用事业发展，提高市政公用行业的运行效率，相关部门大力推进市政公用事业改革。各地结合实际情况，从企业改革入手，围绕打破垄断、开放市场、加强监管和保护改革过程中的职工利益开展了一系列实践和探索，取得了一定成效。从总体上来说，改革是健康的、稳定的。改革不仅促进了市政公用企业的运营效率和服务质量的提高，促进了政府职能的转变，而且也提高了城镇综合承载能力，增强了城镇可持续发展能力。在各级、各地政府的积极推动下，市政公用事业改革已经从供气、供水等个别行业向市政公用事业全行业推进。

1.3　市政公用事业面临的问题

随着市场经济的引入与深化，我国城镇化进程加快，传统的市政管理模式已经不适应新形势的发展。虽然很多城镇进行了管理体制和企业运行机制的改革，但总体上来说改革效果还不够理想，政府主管部门对城镇市政公用事业的管理体系存在缺失，所属事业、企业单位的"等、靠、要"问题、低效率问题普遍存在。由于人口基数较大，历史欠账较多，许多城镇市政公用行业存在功能不配套、不健全等问题。行业投资不断加大与市政公用基础设施不足并存，地面设施标准高与地下管网严重落后并存，供给能力持续提高与服务质量相对低下并存，产业结构不断优化与政府监管越位和缺位现象并存。这些问题直接影响到人民群众的生活工作和国家经济社会发展的质量。

市政公用基础设施供需矛盾日益突出，尚未充分利用设施建设形成完善的监测监管体系，抵御自然灾害和次生灾害的应急防灾能力薄弱，主要表现为地区发展不平衡、不同规

模城镇发展不平衡、城乡发展不平衡、规划不科学、科技含量偏低等方面。

1. 东中西部发展不平衡

"十一五"期间，西部地区市政公用基础设施建设快速发展，设施落后局面得到明显改善，但由于经济发展不平衡，2010年东、中、西部地区市政公用事业投资占全国市政公用事业投资的比重分别为63%、23.5%和13.5%，东部地区设施水平仍然明显优于中、西部地区。

2. 中小城镇发展落后

特大城市市政公用基础设施水平普遍较高，中、小城镇设施水平（除人均道路指标）与特大城市相比差距较大，特别是污水处理、生活垃圾无害化处理等行业设施能力明显不足。2005年，中、小城镇污水处理率仅为45.54%和47.07%，明显低于200万人以上的特大城市61.92%的水平。中、小城市生活垃圾无害化处理率仅为36.63%和36.00%，低于200万人以上特大城市84.92%的水平。近年来，中小城镇设施水平逐步提高，但整体落后的局面没有改善。

3. 城乡之间差距拉大

农村市政公用基础设施建设不足，城镇统筹的市政公用体系尚未形成。农村供水设施建设落后，2010年县城、乡和建制镇用水普及率分别为85.14%、65.6%和79.6%，低于全国96.68%的平均水平。大部分农村地区没有建立公共的污水和垃圾处理设施；道路建设延伸不足，已经成为社会主义新农村建设的瓶颈。

4. 缺乏科学合理规划

在市政公用事业投资方面，过分重视道路、桥梁等形象工程建设，忽视必要的污水、垃圾处理等设施的投入，特别是地下管网建设严重不足。我国城镇与国际先进国家相比，明显的区别就是地面设施建设较好，而地下管网建设落后较多。

以往的市政公用基础设施建设往往忽略完善的路网结构规划，我国城镇路网密度远远低于发达国家的水平。管网建设不足和污水处理厂建设较快并存，1978年到2010年，污水处理厂数量增加39倍，而与之相配套的排水管道长度仅增长了18.9倍。在规划和利用方面也存在诸多问题，目前，我国城镇交通出行结构中，公交出行与国外平均水平相差甚远。城镇公共交通存在着结构单一、服务设施不完善、规划不合理等问题，很多城镇边缘小区没有公交线路，大运量公交系统建设缓慢，公交线网覆盖不均衡，线路重复设置。

第 2 章　数字市政促进行业健康发展

2.1　数字市政建设的必要性和意义

市政公用事业面临诸多问题，因此实施技术先进、制度科学的"数字市政"具有重要的现实意义。数字市政的建设基于"民生为本"的管理理念，可以推动城镇经济社会协调发展，城镇规划、建设相统一，是实现市政决策科学化、管理法制化、响应高效化、效益最优化的必然选择。总体上来说，数字市政的建设将为城镇市政公用行业缓解以下突出问题：

1. 管理理念相对落后

长期以来，我国市政在发展建设中缺乏先进的管理理念，普遍存在着"重建设、轻管理，重眼前效益、轻潜在问题，重受理投诉、轻主动服务，重经济效益、轻社会效益，重城镇建设、轻环境保护"等观念。

2. 管理目标存在偏差

管理目标偏差带来的矛盾主要有如下几方面：市政公用基础设施管理滞后与人民对宜居城镇要求日益增长之间的矛盾、多行业重复投资建设与市政公用行业协同共建之间的矛盾、城乡之间数字鸿沟的加大与建设和谐社会之间的矛盾。

3. 管理技术落后

由于我国市政公用事业起步较晚，科技水平和信息化水平落后于世界先进国家，存在监管薄弱、能效较低、应急体系不健全等问题。

供水工艺对污染物质的去除能力不高，部分供水管网材质低劣，严重影响供水系统的安全运行。污水处理工艺水平较低，出水水质稳定性和可靠性难以持续保证。天然气应用技术研究落后，泄漏监测体系不健全。供热平均系统能效只有30%多，和最高能效70%相比，有很大差距。低水平填埋方式仍为我国生活垃圾的主要处理方式，所占比例高达80%，先进的焚烧方式不足20%。先进的公交工具普及程度不高，运行效率低、耗能高、污染严重。

市政公用动态数据的整合集成技术不足，难以完全实现信息共享，导致市政综合监管水平不够。市政公用动态数据利用率低下，智能分析和决策模拟技术不足，制约了城镇市政应急响应能力的提高。行业整体科技含量较低，管理技术落后，主要体现在：经验判断而非科学决策、粗放管理而非精细管理、被动受理而非主动服务、事后处理而非事前预警。

4. 缺乏有效监管

我国市政监管体制相对落后，城镇管理效能有待提高，主要表现在市政管理机构重叠，责任分散，责任主体不明，难以形成有效的责任追究机制。政府身兼建设和管理角色，缺失激励约束机制，监督评价体系不健全，难以形成市政公用事业监管的长期机制。因此要建立一个公开、稳定、透明的行业监管体系，推动监管方式由分散管理到一体化管理的转变，同时确立监管主体、监管内容、监管对象、监管手段、监管程序以及对监管者的监督等，这对于保障社会和谐与民生利益，维护市政公用事业长期、持续、稳定的发展，都是十分重要的。

5. 信息化建设相对滞后

纵观国内城镇市政信息化建设，虽然已经取得了一定成效，但由于起步较晚、发展不平衡，依然存在着以下问题：

1）城镇市政信息难以互联、互通、互用，难以满足城镇市政公用行业集成管理与高效运营的要求。

2）城镇市政多主题动态时空数据的整合集成技术不足，难以完全实现信息共享，导致城镇市政综合监管水平不够。

3）城镇市政时空数据利用率低下，智能分析和决策模拟技术不足，制约了城镇市政应急响应能力的提高。

因此，市政信息化建设需基于数字市政管理平台，提供城镇市政时空数据整合、城镇市政时空数据智能集成分析、城镇市政综合运行管理智能化空间决策支持等核心技术，解决国内城镇市政信息化建设存在的问题，有力支撑数字市政的建设。

2.2 数字市政建设的目标和任务

落实科学发展观，建设创新型国家，必须要借助现代信息技术和管理体制创新，来应对当前市政发展面临的许多难题。数字市政为重新认识市政管理打开了新的视野，并提供了全新的市政规划、建设和管理的调控手段。

1. 促进政府管理模式创新

对于正在快速步入现代化的城镇，尤其是对大中城市来说，传统的市政管理模式已不适应城市现代化建设和发展的需要。因此，数字市政的建设首先就要求各级市政管理部门进行管理模式的创新，即以建设为主转变为以建设与管理相结合。从管理中要效益，加强市政管理模式的合理性、科学性、统一性和统筹规划性。数字市政管理手段有效支撑了市政管理流程的优化，促进了政府管理模式的创新，带动了体制结构的创新。

2. 促进政府管理手段革新

城镇规模越大，现代化程度越高，市政管理部门专业化程度就会越细，这是社会进步的必然趋势。传统的单打独斗的管理方式和手工作坊式的作业手段，根本无法满足现代化的市政管理要求。因此，当社会发展进入信息时代后，信息化成为推动城镇现代化的强大动力和重要手段，同时也带动了市政公用事业技术手段的深刻变革。

3. 提升数字市政公用行业监管水平和应急处置能力

数字市政的建设，更好地整合了信息资源，充分地发挥了市政公用基础设施的作用，使各类数据得到了共享，打破了信息壁垒，形成了一个集市政规划、行政管理、应急指挥和社会服务等综合职能为一体的智能化管理信息系统，实现了城镇范围内市政管理工作的综合利用，为管理部门提供了及时、准确、有效和权威的信息支持和功能支撑服务。

数字市政建设有利于提高城镇市政的综合实力，改善公用产品供给的总体环境，为全面实现全行业服务和应急资源整合打下硬件和软件基础，有利于促进资源的合理规划和优化配置，促进行业的合理、有序、健康发展，有效利用投资产生更大效益。

4. 推动以人为本的主动式服务

通过设施运行监控和问题预警预判，及时发现服务中的各类隐患，提高公共产品服务能力。通过便捷的市政服务热线接入，保障全天候咨询、投诉、建议和反馈的交流渠道，形成与市民良性互动、共同管理城镇的格局。提供个性化的网上申报、网上办理等自助服务内容，增强市政管理与服务功能，搭建服务市民的"直通车"。

数字市政建设提高了市政公用产品的质量和服务水平，有利于公众知情度和满意度提升，有利于推动以人为本的和谐社会建设和全民生活质量的提高。

5. 建设创新型的行业管理体系

以信息化带动工业化，以工业化促进信息化，数字市政的建设将迈上科技含量更高、资源消耗更低、资源分配更加合理的新型工业化道路，促进城镇管理手段的现代化。

数字市政建设是以信息化推动城镇现代化，促进以知识经济为内涵的产业结构调整、传统制造业改造和城镇功能提升，促进市政公用基础设施建设，提高城镇空间承载能力，全面提高人民的生活质量，为实现区域经济社会可持续发展提供全面的信息化支撑环境。

6. 发展低碳经济，推动社会可持续发展

2007年9月8日，中国国家主席胡锦涛在亚太经合组织（APEC）第15次领导人会议上，明确提出"发展低碳经济"。数字市政是一种典型的低碳经济模式，从发展理念、建设模式、人才培养、技术研发及运行保障等方面与国家战略相互契合，是国家实现低碳经济模式的重要一环。

数字市政既是城镇化进程的必然产物，也是社会可持续发展的重要保障，可为市政公用行业资源管理、安全保障、服务提升和节能减排等多个方面提供有力支撑，为解决市政公用基础设施供需矛盾突出、科技含量较低、安全和服务事件频发等问题提供更先进的信息化和数字化手段，实现市政公用行业的合理规划、科学建设和有效管理，为构建人与自然和谐共生的健康型社会作出贡献。

第二篇
数字市政的概念和发展

　　数字市政提出至今，概念认识与建设实践是一个由肤浅到深入、由粗放到精细、由狭义到广义逐渐演进的过程。综观国际上数字市政的发展道路，大体经历四个阶段：1) 网络基础设施建设；2) 政府和企业内部信息系统建设；3) 政府、企业间互联互通；4) 全行业的资源共建共享与数字水务、数字燃气、智能照明等行业智能化建设。美国、日本、新加坡等国家以及欧洲地区，现已基本完成了这四个阶段的建设，建设内容也由广度向深度发展。反观中国，数字市政建设起步较晚，而且各地建设进度不一，部分城镇已基本上完成了前三个阶段建设的任务，但总体说来全国的数字市政建设仍然是四阶段共存。我国数字市政的建设和发展必须充分吸取国外的经验教训，迎头赶上，探索出一条有中国特色的数字城镇科学发展道路。

第 3 章 数字市政的概念

3.1 数字市政的兴起

3.1.1 数字中国

1998 年 1 月 31 日美国时任副总统戈尔在加利福尼亚科学中心发表题为"数字地球——认识 21 世纪我们这颗星球"的演讲，首次公开提出了"数字地球"的概念。"数字地球"概念提出伊始，便引起了我国学术界特别是地理学界专家学者的重视，同时也引起了政府领导人的关注。

1998 年 10 月后，我国科学技术界的各有关部门连续召开了多次研讨会，许多专家呼吁全社会都来关注数字地球，从国家发展战略高度来理解实施数字地球的必要性和紧迫性。为使中国数字地球计划早日提到日程上来，北京大学牵头，22 个单位、30 位专家教授联合提出了《关于启动"中国数字地球计划"的建议》，认为"根据我国的国情与国力适时提出中国数字地球，是实施国家可持续发展的重要内容，是我国发展知识经济，抢占高科技领域这一重要制高点的历史性机遇"。中国科学院提出了《关于"中国数字地球"发展战略的建议》，从"实现可持续发展"、"保持和平安定的国际环境"、"促进我国科学创新体系的形成"三个方面，论述了发展中国数字地球的必要性和迫切性。1999 年 6 月 1 日，时任国家主席江泽民在两院院士会上指出："数字地球是继信息高速公路和知识经济之后又一新的国际科技发展方向，对此，应该认真地进行思考，研究符合国情的发展思路，确定切实可行的行动对策。"

数字中国是一项整体性、导向性的国家战略，是以计算机技术、多媒体技术和大规模存储技术为基础，以高速宽带网络为纽带，以多尺度空间数据基础设施为框架，将全国各省（自治区、直辖市）及其所属各城镇的自然、社会、人文、政治、经济等方面的信息数字化，实现在网上的流通，以便最大限度地促进全国经济的发展和不断提高人民的生活质量。

3.1.2 数字城市与智慧城市

数字城市的概念是不断发展和演变的。随着城市信息化程度的提高，人们对数字城市必然有新的认识和体会。数字城市是数字中国在城市建设与管理领域的具体体现，是数字中国的重要节点，建设数字城市是我国新时期社会发展的必然趋势。在国家的空间里，城市只是一个点，然而城市所具有的空间集中和集聚的本质特征和特定的地理环境，以及人类在城市经济、文化、社会活动中与自然环境因素的相互作用，是城市成为信息产生、应用和辐射最重要的枢纽。数字城市是维系数字中国构架的支点。

广义的数字城市是指全面的城市社会信息化,即通过通信网络、宽带 IP 网络、3G 网络和数字电视网络,应用现代的通信、信号处理、物联网、互联网、智能控制、网络、数据库、多媒体、云计算等技术,整合城市各领域的信息资源,建立城市电子政府、电子商务、电子社区,实现城市经济和社会活动的全面信息化和智能化。狭义的数字城市是指基于地理空间信息系统、遥感、全球定位系统、多媒体与虚拟现实、3G 宽带网与光纤骨干网等技术,开发利用来自于城市各领域、各单位生产与生活活动的信息资源,对城市的基础设施、生态环境、市政管理、人文经济、各类城市功能的运行状态进行信息自动采集、动态监测管理,并辅助决策服务的综合信息管理系统。

"数字城市"发展到今天,逐步转向以信息资源的开发利用为核心,以信息共享为灵魂,角色由管理者逐渐过渡到服务提供者,即开始由管理城市部件转向服务城市民众,发展到"智慧城市"的新阶段。"智慧城市"的核心是建立一个由新工具、新技术支持的涵盖政府、企业、个人的新城市生态系统。它向各行各业提供具备更透彻感知、全面互联互通和更深入智能化等特征的智慧型基础设施。通过这些基础设施提供应用和服务,从而运用信息技术手段更透彻地感知和掌握整个城市、更畅通地进行交流和协作、更敏锐地对事关城市发展和市民生活的问题实现洞察。

3.1.3 从数字城市到"数字市政"

城镇化的进程加快,要求市政管理实现数字化、信息化、智能化。"数字市政"隶属于"数字城市",是"数字城市"建设范畴的重要组成部分。虽然这一行业的数字化进程起步较晚,但国家以及地方各级政府已经认识到"数字市政"的重大意义,市政公用行业已经呈现加速"数字化"进程的趋势。

市政公用行业建设的是公共工程,生产的是公共产品,关联的是公共利益,影响的是公共安全,提供的是公共服务,与社会公众生命财产安全、生活水平息息相关。因此,从数字市政着手建设数字城市,能更好地从面向系统转为面向城市亟待解决的问题,从技术驱动为主转向需求、服务驱动为主。

关于数字市政的概念,理论界、产业界目前尚未形成一个公认的、完整的界定。数字市政是一个不断发展和演变的概念。随着城市信息化程度的提高,人们对数字市政必然有新的认识和体会。数字市政不是一个纯技术、纯工程的概念,而是一个集技术、管理、人文、经济于一体的范畴。数字市政建设不是高新技术产品和信息基础设施的简单堆积,而是信息化发展模式在市政公用基础设施运行中全方位的渗透与融合,是实现市政公用行业信息化的彻底革命。

广义上来讲,数字市政是城市管理的一次重大飞跃,不仅给城市带来新的发展机遇和活力,也为全社会的健康、和谐、稳定、可持续发展提供了重要的支持,它通过信息化手段更好地把握市政公用行业的运行状态和规律,保障与百姓息息相关的市政公用产品的稳定供给。数字市政将成为集成、共享城市供水、供气、供热、道桥、公共交通等信息资源的统一载体,为加快市政公用行业的现代化进程,构建宜居、宜业、安全、便捷的城市环境作出贡献。

狭义上"数字市政"是基于市政公用基础设施的数字化、网络化、可视化和智能化而构建的一个纵向贯通、横向集成、上下联动的市政管理运行体系,是基于实际管理需要、应运而生的市政管理的有效途径。通过政府主管部门牵头，结合先进管理理念，利用 3S（GIS、RS、GPS）、物联网等现代信息技术，对设施基本信息及运行参数进行数字化采集、整合和充分利用，建立市政基础资源数据库和市政综合管理体系；通过监测、分析、整合以及智能响应的方式，整合优化供水、排水、燃气、照明、道桥等市政公用行业资源，实现设施企业级和城市级数据共享、系统集成、业务协同运营和一站式信息服务，为市政公用行业提供城市建设统筹规划、监控管理、事故防范、应急响应等服务；全面发挥设施的运行效能，保障市政公用事业的安全运行、科学调度、有效管理，提高快速处置能力，提升城镇设施管理运营水平及市政公用行业公众服务水平，辅助领导科学决策，持续推动市政公用事业的统一协调发展。

3.2 数字市政的特征

数字市政的概念是一个正在处于肤浅到深入、粗放到精细、狭义到广义的发展演变过程中，它是在不断发展中向前推进的，在不同的阶段，建设的具体目标可能不同，数字市政建设只有开始，没有结束。在不断发展的过程中下列几点是共同特征：

1. 以市政公用基础设施为主要管理对象

市政公用基础设施为市政公用事业运行提供物质基础条件，为市政公用产品供给提供安全保障，为市政公用事业发挥和提高聚集效益提供物质基础，是创建宜居城市的基本条件和前提。数字市政是以设施为主要管理对象，设施的运行质量和管理水平直接影响到民众的福利。

数字市政借助先进信息化手段来提升管理水平。通过加强和改善市政公用基础设施的管理，确立设施管理原则，对设施的各个方面进行科学管理，从而达到服务质量高、社会效益和经济效益好、城市公众满意的效果，确保设施有效地发挥其在国民经济和生活发展中的作用。

2. 以最大化的服务民生为首要任务

胡锦涛总书记在十六届三中全会上向全党、全国人民提出"坚持以人为本，树立全面、协调、可持续的发展观，促进经济社会和人的全面发展"重要方针。以人为本是科学发展观的核心内容。数字市政建设与人民生活息息相关，道路畅通、污水治理、防洪减灾、市政绿化建设和市政公用基础设施的维护牵动着城市人民的心。可以说，坚持以人为本的科学发展观是数字市政建设工作的灵魂。实现市民的愿望，满足市民的需求，维护市民的利益，是数字市政建设的最高标准。

3. 以全面及时准确的行业监管为主要手段

通过资源整合、手段创新，建立健全数字市政应用体系，构建以基础功能服务、数据共享交换、统一监测监管为应用支撑，以行业监管、应急指挥、队伍管理、网上办案、决策辅助为主要功能的市政管理公共服务平台。实现全区域的信息共享、工作互动、无缝对接，促进市政管理工作由被动向主动、静态向动态、粗放向精细、无序向规范转变。

4. 以节能减排为长远目标

节能减排是贯彻落实科学发展观、构建社会主义和谐社会的重大举措，是建设资源节约型、环境友好型社会的必由之路。从长远发展来看，节能减排之路也是数字市政发展的必然选择。通过能耗数据采集，实时监测企业能耗数据，帮助企业了解生产及运行能耗状况，及时掌握各行业、各地区的能耗信息。通过各种比较分析，找出节能改造工作重心，不断应用最新的节能技术，降低污染排放。

5. 以技术创新为根本保障

数字市政建设的工程量十分浩大，需要投入大量的人力、物力和财力，需要进行大规模的基础设施建设，开展多种关键技术的应用研究与推广工作，其中最突出的特点就是物联网技术的成熟和规模化应用。数字市政借助物联网感知技术，将市政管理中各个行业的所有信息、元件通过网络有机地结合起来。从传感网建设的深度、广度、整合性全面着手，使市政管理的各种对象与网络连接，能够获取各行业设施运行状态、感知市政公用产品服务参数、提高管理效能。

6. 以引入市场竞争为发展动力

数字市政受益的是包括政府、企业、公众在内的整个城市，数字市政中包含巨大的产业空间，本身就是一个巨大的投资市场，具有很大的投资价值。以前由于数字市政建设的投资主体单一，导致数字市政的应用主要集中在电子政务、道路交通等公共服务方面。政府在合理的引导下通过引入市场竞争机制，本着"谁投资，谁受益"的原则，组织和鼓励企业积极参与，近年来成为数字市政建设资金筹措的重要方式之一。

第4章 数字市政的发展

市政公用行业是城市服务功能的重要载体,是城市经济和社会发展的先导性基础产业。因此,市政公用行业的建设、管理与服务是各地方政府的一项重要管理职能,其水平的高低体现一个城市社会保障能力的强弱,也反映一个城市现代化程度的高低。中国城市正以前所未有的速度发展,城市市政基础建设规模日益增大,庞大规模的基础设施对各级政府和相关单位的管理运营水平提出了很高要求,现已有的管理运营手段已很难满足经济与社会快速发展对高效管理和合理利用空间设施资源的需要。许多城市管理者充分认识到必须采用现代化的手段和技术,有效、准确地管理城市市政公用基础设施的基础资料,才能为规划、建设、管理与服务提供可靠依据,全力提高市政公用事业保障能力。

20世纪90年代,数字市政的概念尚未明确地提出,信息基础设施建设是各国建设的主要目标,这为数字市政的发展提供了基础构件。随着高分辨率的卫星遥感技术、城市地理信息系统、卫星定位、遥测技术、管理信息技术等关键技术的应用,数字市政在世界各先进国家蓬勃开展。特别是物联网应用的普及,更是为数字市政的发展注入了巨大的推动力。

4.1 国外数字市政的发展

发达国家和地区的城市基础设施管理和服务的信息化体系建设有近30年历史,已形成相对完善的理论体系,积累了丰富的实施经验。

4.1.1 美国

1993年2月,时任美国总统克林顿在美国国会上发表《国情咨文》,正式提出建设信息高速公路——国家信息基础设施(National Information Infrastructure,简称NII)。以信息基础设施为依托进行的数字市政建设是以电子政务建设作为切入点的。2006年9月,美国政府开通超大型电子网站——"第一政府网站",建设一张包括各级政府和各行业在内的电子政务超级无形大网。1994年4月13日,美国颁布了国家空间数据基础设施(National Spatial Data Infrastructures,简称NSDI)计划,计划包括空间数据协调、管理与分发体系和机构、空间数据交换标准、空间数据交换网站以及空间数据框架,正式在美国政府和非政府部门中开展直接协调地理空间数据收集和管理的活动。1995年4月提出了国家数字地理空间数据框架(简称NDGDF)实施计划,开始建立包括大地测量控制、数字正射影像、数字高程模型、交通、水文、行政单元以及公用地块地籍数据在内的数据框架。至此,数字市政的基础支撑体系完成。

1985年,美国国家政策分析中心的报告指出:"美国所有城市的市政服务都已经在不同程度上承包给了私人企业。"在美国,随着管理技术、市场规模与市场范围的变化,市政公用事业中的垄断领域不断收缩。为了协调市政公用事业社会目标与企业目标，政府对市政公用事业企业实施了较为严格的管制政策。美国市政公用事业改革的重点不是企业产权制度改革，而在于市场竞争机制的建立和政府管制的调整。20 世纪 70 年代以来，美国通过颁布一系列法律，针对传统规制政策的缺陷，率先放松了政府规制政策，相继放松了对相关行业的政府管制，以"小政府"的管理理念，明确政府"掌舵"而非"划桨"的职能，倡导政府多做监督者、倡导者和执法者。

美国政府放松规制主要体现在两个层面：一是完全撤销被规制产业的价格、进入、投资、服务等方面的限制，使过去必须由政府许可才能享用的特许权利转变为企业所普遍享用的权利，让企业真正处于完全自由的竞争状态；另一个层面是部分地取消规制，即有些方面的限制性规定被取消，而有些则继续保留或由原来较为严格、繁琐、苛刻的规制条款变得较为宽松、开明。美国政府对市政公用事业放松管制的改革引发了竞争，使市政服务私有化进一步向纵深推进，充分利用信息技术对企业的生产运营进行现代化的管理、提升企业科技含量成为了行业发展的共识。以行业的自管自治为基础，政府的监管重心也日渐凸显。市政公用行业的管理模式创新取得了较好的成效，行业收益明显改善，服务效率大幅提高。

美国的经验表明，先进的监管手段，特别是信息化手段，是实现政府监管扁平化、降低管理成本、消除监管层级障碍、提高服务效率的关键因素。在信息化时代，如何利用先进的科技手段进行市政公用行业的科学有效监管已经成为衡量城市管理水平的一个重要标志。

美国很多地方政府已经通过门户技术建立了完备的市政公共服务体系。以西雅图政府门户网站为例，门户网站提供了一系列的网上在线服务，市民和企业通过互联网缴纳生活用水、电、气使用费以及垃圾清运费、交通罚款和泊车费用，办理开通网络接入、有线电视，提交建议、工程申请和投诉。美国首都华盛顿特区启用 34 个城市信息子系统进行城市动态管理，其中大部分都与城市市政公用基础设施建设与管理有关。

纽约作为美国最大、最拥挤的城市，为创造一个高效的服务环境，提出了建设"数字化纽约"的目标，经过多年发展，建立了有效的市政公用事业监管机制，在数字市政领域成为了表率，其建设经验具有极大的参考价值。最近 30 年来，纽约市已经成功实现城市转型，从"公园荒废、社区破败、地铁崩溃"转变为"公交使用率 70% 以上，100 多岁的地铁还在 24 小时不中断地服务乘客，人均寿命全美最高"。纽约的市政规划不讲"高大全"，而是紧紧围绕改善人居环境、提高生活质量的主题，将发展的近、远期需求有机结合，提出的各项规划安排具体、直观、明确，有着很强的指导性和现实意义。如在开敞空间营造方面，规划提出让所有纽约人步行 10 分钟就可以到达一个公园。在废物处理上，规划提出对纽约市 75% 的固体废物进行回收再利用而不是直接填埋。对于绿化，纽约提出了具体到"棵"的目标：通过每条街道两侧"100% 种植"，建设森林公园，在私人住宅、机构和空地种树，实现"再增 100 万棵树"的目标，以切实改善空气质量。在规划编制过程中的突出特点是充分听取社会各方面、各阶层的意见，通过密集的咨询会、听证会、访谈、问卷调查、媒体讨论、社区讲座等公众参与形式，形成社会共识。这些科学的前期规划都是借助现代化的信息手段完成的。

纽约市的交通流量十分庞大。硬件方面，纽约构建了多层次、多元化的交通网络。纽约市境内河流港湾错综复杂，桥梁及隧道数量众多。除了都会区内交通发达之外，纽约市与全美各地的往来亦十分频繁，通过发达、复杂的铁路、公路网，纽约居民得以快速、方便地往返全国各座都市。在信息化建设方面，借助先进的监测监控手段，结合科学的分析技术，对城市道路、桥梁和公共交通进行有效的管理。

2012年，六个纽约州投资者拥有的电力和天然气公用事业机构组成了纽约州能源联盟，以期在能源问题上提供公共政策指导，通过建立彼此及与政府之间的网络连接，实现行业基础资源信息的共享与应用、运行数据的上报与监管，为行业管理模式的创新提供了借鉴的样本。

4.1.2 英国

英国城市公用事业发展较早，监管制度可追溯至17世纪。从17世纪到19世纪，英国政府监管行业范围呈现逐渐扩张趋势，但从总体上看，呈现间接性、有限性、激励性的特点，是一种弱性监管而非强制性监管，主要采取特许经营和若干资金补贴的方式，鼓励私人部门参与公共事业。19世纪末到20世纪70年代，英国公用事业国有化和强制性监管制度形成。自20世纪80年代撒切尔夫人执政后，为了提高市政公用事业的效率和解决政府的财政需求，开始对市政公用事业进行彻底的民营化改革，原来政企合一的政府监管体制逐渐转变为新的政企分离的激励性监管体制。继2006年欧盟出台《i2010电子政务行动计划》之后，英国伦敦提出"数字伦敦"计划，其中囊括伦敦在公用事业数字化建设上的重要规划，以指导公共服务领域更好地运用信息技术。英国十分重视公用事业的发展，政府始终致力于对公用基础设施建设的投入、监管以及对公用事业的政策支持，保障其信息和网络资源得以充分利用，注重以关键技术带动公用事业信息化的全面发展。

英国市政公用事业各行业大都建立了具有很强独立性的专业监管机构，采用垂直监管主导模式，即成立一个全国统一的监管机构并在各地设立若干分支机构进行监管。

1. 建立一套完整的监管组织机构

监管机构被设计成非部委制的政府部门，由一名总督负责，总督由国务大臣指定。监管机构的主要职责是：代表国务大臣授予经营公共事业的企业经营许可证，公布并监管公共产品和服务的最高限价，在其职权范围内调查并处理有关的投诉，定期对该行业运营状况进行检视；鼓励并维持应有的竞争。

2. 成立各种独立机构

独立机构的性质属于行政机构，其主管人员由所隶属的政府部门的部长（或大臣）任命。独立机构的经费由议会提供，以保证独立机构区别于政府部门的相对独立性，政府部门同时对独立机构的运营负有监管责任。

3. 成立各行业消费者协会

各个行业成立的独立的消费者协会是英国公共事业监管体制的一大特色，它们与政府的监管办公室同时成立。消费者协会的主要职责是：与监管办公室联合或单独进行有关调查，与其他组织进行联络，监测公用事业服务质量，接受消费者的投诉并代表消费者向监管办公室或企业提出改进意见，定期向国务大臣和公众发布本行业的市场运行状况。

英国水务行业私有化改革以后，在环境、服务和投资上均都取得了巨大的进展。20世纪60~70年代，英国的给水设施由众多小型机构独立进行维护管理，政府投入资金较少，运行维护状况较差。英国政府认为对水公司进行私有化是对资产进行有效管理的最佳方式。因此，继1986年提出最初的私有化计划后，于1989年正式实施全行业的私有化，成立了10个私有化水公司，开启了英国水务私有化的进程。目前实行的是政府对水资源按流域进行统一管理与市政水务私有化相结合的管理体制。英国水务行业私有化和市场化，不仅是完成产权制度改革和企业转制，还根据行业的特性和发展趋势，创立了一套完整的监管制度，涉及经济、水质、环境和服务等诸多方面。

在英国，由10个大型纯企业性公司的水务局负责提供英格兰和威尔士地区的供水和排水服务。政府环境署发放取水许可证和排放许可证，实行水权分配、取水量管理、污水排放和河流水质控制。政府水服务办公室监督水务公司履行，确定水价范围，实现对水务公司的宏观调控。饮用水监督委员会和民间的消费者委员会等监督机构也对水务企业进行不同层面的监督管理。水务公司在服务范围内实行水务一体化（调水、供水、排水）经营和管理，自负盈亏，有权在政府宏观调控范围内自行制定水价，价格上限由政府的水务办公室确定。水的消费者也组成了利益团体，这就是名为水声（WATERVOICE）的消费者协会，是消费者利益的代表，它不仅监督水务企业的经营行为，而且代表消费者直接向水监管机构甚至是议会反映消费者的利益要求，从而影响公共决策。

英国水务借助水力建模系统对管网的规划、设计、管理以及预案模拟、优化调度进行科学化、信息化建设，将现实中供水系统各组件（主要包括管网、泵站、用户用水点等）输入至数学模型中，通过水力分析和计算，模拟各节点、管段水力状态及运行工况。通过对复杂管网的网络结构、上下游关系进行查询和分析，有助于管理者准确了解管网的结构特征。通过对供排水现状的动态模拟分析，可以全面反映管网的负荷现状，发现管网系统中的薄弱环节和区域。通过对水质在管网中的模拟分析，进行供水管网水质可视化管理，可为解决饮用水二次污染及管网改造提供科学决策依据。

供水管网是城市供水系统的"动脉"，担负着将优质合格的饮用水保质保量地输送到最终用户的重要职责，在供水系统中具有极为重要的作用。大型供水管网埋在地下，规模庞大，连接结构复杂，仅靠人工经验难以实现管理。英国水务公司对供水管网进行了必要的数字化建设，实现了对供水管网参数的在线监测，同时结合地理信息系统对管网进行数字化管理，建立管网运行维护的辅助决策系统，实现供水管网的综合数字化平台，为供水的安全、高效提供可靠保障。管网漏损是供水行业普遍存在的严重现象，给水管网漏损每年都造成大量的浪费。英国是世界上较早实现供水泄漏管理现代化的国家。为了能够长期对管网漏损进行检测、掌控管网漏损的宏观分布情况以及均衡管网的服务压力，英国水务公司将管网划分成多个能够独立计量的区域（Demand Measure Area，简称DMA），采用两大类漏损控制技术，即区域测漏法和区域声音检测法来降低漏损率。在漏损探测方面，采用了先进的监测设备，目前噪声记录仪、相关检漏仪、听漏棒等已在英国水务公司普遍应用。

由英国莱斯特大学参与、英国电子科学核心计划研究的科学家开发的洪水智能监测系统，可以对可能暴发的洪水发出预警。利用网络计算，系统可及时发出洪水警报，以便采取预防措施，降低洪水造成的损失。每个独立的监测点由13个智能回声传感器组成。每个传感器装有一个比口香糖包还小的高性能计算机，以无线方式与网络中的其他传感器相通，形成计算网。该套监测设备可以被安置在洪灾易发地点。在洪水来临前，传感器会及时发出警报，为正确分析和判断防汛形势、科学制定防汛调度方案提供依据，提高决策的科学性、主动性。

4.1.3 新加坡

素有"花园城市"美誉的新加坡，多年来在城市信息化、数字化、智能化技术方面进行了不断开发与创新，其市政公用事业信息化进程始终走在亚洲乃至世界的前列。从1980年到1990年，时任新加坡总理李光耀提出"国家电脑化计划"，旨在推动市政公用等各行业的电脑化应用。从1981年开始发展电子政务，2000年5月新加坡政府正式提出建立虚拟政府。针对1985年出现的经济衰退，新加坡政府制定了新的发展战略，市政公用事业纷纷实行私有化。1991年到2000年，新加坡进一步提出"国家科技计划"，主要在行政和技术层面解决城市信息互联互通和数据共享的问题，消除"信息孤岛"。2006年开始实践的"智慧国2015计划"更是致力于将信息通信技术应用到新加坡市政的各个领域，通过"创新、整合、国际化"，最终将传统的经济改造为新型的信息化知识性经济体系，提高国家和全社会的竞争力以及人民的生活水平，提升资源整合的能力，实现城市综合信息的共享和网络融合。在世界范围内放松管制的浪潮中，新加坡市政公用事业也开始了新一轮的自由化，市政公用事业的效益得以显著提高。

新加坡吸收了英美等市场经济国家的改革成果，结合本国的特点，不断地改革创新以适应经济发展的需要和国际竞争力提高的需要，其公用事业的改革取得了极大的成就，形成了一套具有自己特色的监管体系和监管方法，大力提高了新加坡经济的全球竞争力水平。新加坡设有政府主管部门和监管机构对市政公用事业进行管理。其中政府主管部门的主要职能是负责本行业的发展、社会目标的协调，构建全面、有效的监管体制，保障公用事业的安全，加强国际交流与合作，促进社会经济的可持续发展。监管机构属于政府主管部门，但不同于一般的政府机构，具有独立的决策和行使监管的职能，其主要职能为：许可证的发放与管理；对市场服务的价格进行监管，维护市场的可竞争性；制定生产或服务的行业标准，维护行业的安全及规范；向政府提供相关产业发展的政策和战略建议。以上职责的行使是通过一整套公开的法律程序完成的，任何违反法律程序的活动都可以受到被监管者及主管部门的公开质疑及起诉。

新加坡拥有长达3188公里的公路（即公共道路，包括公路和城市道路），138公里的地铁线，以及世界最先进的公共交通系统。新加坡市政公用基础设施一流的管理水平，得益于统一、高效的一体化管理模式。自20世纪60年代就把地铁规划出来，把所有的管线重新进行了规划，先规划后建设，先地下后地上，这些长远的规划，避免了各类管线铺设带来的道路重复开挖和对城市交通的负面影响。值得一提的是新加坡的DTSS（深水道污水处理系统），是一个为长远需要而设计的用后水收集、处理、与排放的新型水处理厂，号称"百年规划"。新加坡陆路交通管理机构为陆路交通管理局，全权负责综合管理国内所有陆路交通，管理业务包括私人与公共交通、公路与地铁系统等，职责包括制定政策、规划、实施建设和维修养护管理等，是一种一体化、集约式的综合管理模式。

新加坡市政公用基础设施建设管理水平，体现在规划建设的科学合理。新加坡整个市政公用事业的规划综合考虑各种因素，既预留市政发展的空间，又充分考虑现阶段各种建设需求，规划建设一步到位，厉行节约，设施简洁实用，建设注重以人为本。新加坡在市政公用事业的管理上建立了一套完善的方法体系，建立了完善的管理法规体系、罚款制度、考评制度和对管理资金的经营等管理方法。城市规划、建设、管理分别由不同的相互独立的部门承担，各部门之间除了定期进行交流外，一般相互不干涉各自的职权范围，权责明确，便于管理规范化。新加坡城市管理最大的特点就是完全法制化的管理，这也是它成功的最重要经验。新加坡的城市管理法规体系非常完备，且操作性极强。同时，还阶段性地开展宣传教育、评比活动和全国运动，通过市民参与，辅助推动城市管理工作的进行。

4.1.4 日本

在日本，伴随着公用事业领域民营化浪潮的出现，国有资本或退出，或以参股、控股的形式体现自身的存在，公用事业企业逐渐脱离国有企业的运行轨道，开始以受私法即公司法调节的公司形象出现。市政公用事业企业的财产组织形式和公司治理也相应地表现为公司制的财产组织形式及治理结构。日本在市政管理过程中比较注重法律法规方面的建设，并将刚性的法律法规与柔性的人本主义相结合。

日本市政公用行业引入信息化管理较早，对系统的数字化建设也比较重视。日本下水道公司历时 7 年完成了地下管网管理信息系统，对管网信息进行了充分的探测和整理。系统根据管线年代进行分级管理，可详尽反映各个年代的管线状况。对运行超过 30 年的管线的关键部位、关键环节进行监测与监控，确定年度更换管线计划并严格执行。日本在市政公用基础设施 GIS 系统管理过程中，建立了严格的管理制度，重视数据的审核与更新、系统的优化升级和规划的长期可发展性等。日本东京电气有限公司在近 20 年中逐步发展了一个集成的、应用十分广泛的 GIS 系统，成了电气领域的工程维护、销售和需求预测、应急响应与安全运作的管理中心。

20 世纪 60 年代起，日本的水厂引进了计算机数据处理装置，以自来水处理设施的整体监控、制定运转计划、提高服务为目的，扩大在技术领域中的应用。几乎所有新建的水厂都应用了监控的光通信、集散型控制及 CRT 显示等装置。计算机系统除监控水厂和泵站运行外，配套采用了加药控制装置、自动搅拌实验器、污染浓度计、SV 测定器和自动界面计等传感器和分析仪，从而使作为加速澄清池的药品混合、混凝和沉淀三大功能全部实现自动化运作。在自来水经营管理中，判断系统、数据库和图像管理等软件技术的应用也得到了迅速的发展。水厂的运行从过程控制型向信息管理型过渡，水处理厂与管网系统、水资源调度系统、河流水质监视和预报系统等有机地联系在一起。在水源水质、污水排放、流域水质监测的基础上，根据饮用水水质标准和水量变化，完成对若干自来水厂和污水处理厂运行的全面控制，以求得更大范围的宏观环境效益和经济效益。

日本东京煤气公司的地震实时防灾系统可在地震灾害发生后，实时获取地震震动的情报，煤气压力、流量与煤气泄漏的情报，受害推断情报等，并经实时分析，快速隔断受害严重地区的煤气供给，继续对受害轻微地区供给煤气。这既可防止引发次生火灾，又能避免给尚可供给煤气的用户带来生活困难。地震实时防灾系统由多个子系统复合而成。从日常管理的角度上来看，有些系统属于冗余，但这些冗余确保了地震灾害发生后检测与隔断操作的准确性。系统采用电话通信手段，但在地震灾害发生后，电路线路受到损坏或十分拥堵将影响地震情报的实时传递，因此备用了无线电通信系统，必要时还可以启动卫星通信系统或航空通信系统，以确保通信畅通无阻。若监测煤气物理参数的系统因地震灾害失去机能，监测地震动的系统照常运行。特别是监测地震动的系统与地理信息系统（GIS）复合，对于准确计算、显示各个微区划内和整个受害地域的地震受害状况有重要实用价值。

随着工业化进程的加速、经济的快速发展、人口的增长、可利用土地资源的减少以及能源问题的尖锐化，日本不断加强和完善市容环境的保护立法和环保措施的实施。其经验对世界其他国家有重要的借鉴和指导作用。为了减轻城市生活垃圾对环境的污染，近二十年来，日本着重推行了技术改造和循环利用政策。日本政府近年来提出的"物质循环社会（SMS）"建设，通过对垃圾的 3R（Reduce、Reuse 和 Recycle，即减量化、重复使用、循环利用）处理，降低了对资源的消耗，减轻了对环境的污染。在 2004 年美国 SeaIsland 召开的 G8 会议上，日本提出了通过 3R 行动来推进全球性 SMS 建设的倡议，得到了 G8 首脑的认可。

日本园林绿化工作高度产业化，城市花、草、树木有专门的机构、专门的人员到全世界收集良种、培育改良种苗，有专门的企业生产、销售，有成熟的管理公司维护、保养，有特定的协会组织交流、展览，为人民生活不断创造、增添亮丽色彩。在公共交通上，日本通过新技术保证电力供应充沛，采用电力回收装置实现资源的节省，在允许的岗位实现无人化管理，以节省人力。

4.1.5　对比分析

各个国家在数字市政上也因各国国情不同而采取了不同的管理模式。

1. 监管机构的组织模式不同

各国的历史条件、自然环境、国土面积，尤其是经济和政治体制等方面的不同，决定了各国监管机构类型的差异。一般来说，监管类型分为三种，即集中监管模式、垂直监管模式和单层监管模式。集中监管模式是在国家层面设置一个公用事业监管机构，在地方也设置监管机构，这些监管机构会对所辖范围的市政公用各行业进行有效监管，美国属于这种模式。垂直监管模式是针对某一行业在国家层面成立一个全国性的监管机构，然后在各地设立若干分支机构，全国性监管机构和分支机构间是隶属关系，英国属于这种模式。单层监管模式是只在国家层面设置监管机构，在地方不设置监管机构，新加坡属于这种模式。

2. 监管机构内部的治理结构不同

公用事业监管机构内部治理结构并不完全一致。美国和新加坡都实行委员会制，而英国则实行个人负责制。各监管机构的最高领导是总监或主席。这两种模式各有利弊。委员会制监管决策更具客观、公正性，有利于监管政策的连续性和稳定性，缺点是决策效率低、责任不明显。个人负责制权力较集中，监管决策快速、果断，效率高，缺点是监管政策往往体现个人色彩和办事风格，有可能导致政策的不连续性。

3. 价格监管方式不同

英国和新加坡实行价格上限监管方法。价格上限监管是给出一个较大空间的价格上限，且这个价格上限根据时间、通货膨胀及技术进步率等因素进行调整。价格上限监管是一种激励性监管手段，是目前大多数西方国家采用的监管手段。美国实行的是费率监管方式。费率监管就是成本加成监管，指在企业成本基础上加上一个合理的利润所形成的价格。这两种价格监管方式各有优劣。在公用事业行业，信息不对称可导致监管者很难获得成本和需求的真实信息。因此，监管者面临着两难选择：激励强度高的定价方式，如价格上限，信息租金高但生产效率也高；激励强度低的定价方式，如成本加成，信息租金为零，但生产效率低下。

4.1.6 国外发展经验总结

我国数字市政建设刚刚起步，完善的行业监管体系及各类应用系统还未健全。借鉴先进国家的建设经验，对我国数字市政建设具有重要意义。

在发展数字市政的过程中，各国政府都采取了一些值得借鉴的策略。

1. 建立统一的信息化管理体制

如英国首相任命电子事务大臣（e-Minister），全面领导和协调国家信息化工作，并由两名官员（内阁办公厅主任、电子商务和竞争力部长）协助其分管电子政务和电子商务。联邦政府各部门也相应地设立电子事务部长一职，并组成电子事务部长委员会，为电子事务大臣提供决策支持。内阁办公厅下设电子事务特使办公室，专职负责国家信息化工作。电子事务特使与电子事务大臣一起，每月向首相汇报有关信息化工作的进展，并于年底递交年度报告。由联邦政府各部门、授权的行政机构和地方政府指定的高级官员组成国家信息化协调委员会，协助大臣和特使协调国家信息化工作。

2. 制定统一的信息化发展规划，指导数字市政建设的实践

如新加坡制订《政府 ICT 指导手册》，对信息化应用行为进行规范，组织培训。另外，美国的《2002 年电子政务战略》、韩国的《信息化促进基本计划》、《网络韩国 21 世纪》和《2006 年电子韩国展望》、日本的《e-Japan 战略》和《电子政府构建计划》等，都是比较成熟的信息化规划，有力地推动了这些国家数字市政的快速发展。

3. 强化数字市政的顶层设计

为了保证数字市政建设中先后开发系统的兼容性和互操作性，各国城市政府都采用一定的技术和手段，进行数字城市系统的顶层设计。比如，美国以市场需求为导向，应用企业架构（EA）思想构建了"联邦企业体系架构（FEA）"；英国政府基于政府资源的信息管理，发布了电子政府交互框架（e-GIF）；德国政府发布"面向电子政务应用系统的标准和体系架构（SAGA）"，针对电子政务应用软件的技术标准、开发过程、数据结构等进行规范。

4. 重视城市基础地理空间信息资源的开发与共享

城市基础地理空间信息是区域自然、社会、经济、人文、环境等信息的载体，是数据城市的基础。发达城市都非常重视基础地理空间信息的开发、利用和共享。如瑞典乌普萨拉市把不同的数据库及电子地图连成电子地理信息系统，电子地图上不仅显示城市水管和学校的地理位置，而且显示不同年龄人口的分布信息，为制定全局计划及各种发展计划提供完善的信息。在美国，有关地理空间信息的"开发、使用、共享和发布"，由联邦地理数据委员会（FGDC）负责实施和协调。FGDC 相继向社会发布可共享的数字规划图、数字正射影像、数字高程模型、土地利用和土地覆盖数据、地名信息等测绘产品，以及数据采集的标准、数据的交换标准、元数据标准等数十个标准。

5. 推进全行业资源信息共建共享

推进信息内容的共建共享。在信息爆炸时代，各类信息数据数量浩大，各行业、行政部门、科研教育单位都掌握大量信息资源，并各具优势，借鉴美国网络信息中心联盟做法，可强化市政各行业、政府部门与产、学、研单位间的协作，在信息采集、加工等方面合理分工，各自有所侧重，分专题收集信息并对原始数据进行二次加工，通过统一的平台向全行业提供全面、丰富、及时、便捷的信息。

6. 立法保障

立法先行是国外先进数字市政监管的共同特征。英国从 20 世纪 80 年代以来，相继颁布《交通法》、《自来水法》、《煤气法》、《电力法》、《公用事业法》等法律。英国、美国、新加坡等国家市政公用事业监管，均以法制建设为先导，在法律框架内卓有成效地开展有效监管。它们大都由立法机关颁布法律而赋予监管权利。通过监管立法，确定监管机构，明确监管机构的职责，监管的目标、内容，监管程序和方法等。

7. 监管机制健全

从国际经验来看，成立独立的城市公用事业监管机构、保证统一管理已经成为大势所趋。监管机构都是先由国会或议会讨论设立，并规定其监管范围和职权，然后由政府（总统或有关部门）任命其领导人，负责组建该监管机构。监管机构都具有相对独立性。

目前发达国家的城市市政公用基础设施信息化存在两个明显的趋势：

首先是数据由分离管理走向综合集成。市政单位内部将设施数据、实时监控数据以及用户数据整合构成全面的运营数据库；市政公用行业内部通过综合数据库协调规划、设计和施工；政府部门利用综合数据库，结合土地利用、人口分布等信息进行中长期规划。

其次是开展信息门户建设，系统服务形式多样化。例如企业及社会大众通过互联网获取设施信息、缴纳各项费用；工程人员使用移动设备和无线接入，直接访问市政公用基础设施数据库，指导现场施工。

4.2 国内的发展实践

我国数字市政起步较晚，虽然经历了产权制度改革的阶段，但是与产权制度改革相适应的有效的政府监管体系和制度尚未健全，没有在市政公用事业改革过程中同步形成监管机制。监管内容随意性大，并且缺乏相应标准，对于供水、燃气、污水处理等直接涉及公众安全的行业监管明显薄弱。我国市政公用事业各行业分属不同的政府部门，没有形成协调统一的联动机制，这是我国市政公用事业难以得到均衡较快发展的重要原因。借鉴西方发达国家的成功经验，我国公用事业改革力求通过实行市场化和股份制改造等措施，促进经营主体管理水平和服务质量的提高，更大程度地满足消费者的需求。在公用事业民营化方面，政府鼓励进行不同企业体制和经营模式的探索，并开始做好公用事业市场化改革的风险控制。

与国际相同，国内数字市政的建设也是以城市信息基础设施建设为前提的。1993 年，党和国家领导人江泽民、李鹏、朱镕基、李岚清等提出信息化建设的任务，启动了金卡、金桥、金关等重大信息化工程，拉开了国民经济信息化的序幕。在政府的强力推动和引导下，各级政府部门及较大规模的企业开始建立自己的网络平台。同年 12 月，成立了以国务院副总理邹家华为主席的国家经济信息化联席会议，加强统一领导，确立了推进信息化工程实施、以信息化带动产业发展的指导思想。国务院信息化工作领导小组确立了国家信息化的定义和国家信息化体系六要素，进一步充实和丰富了我国信息化建设的内涵，提出了信息化建设"统筹规划，国家主导；统一标准，联合建设；互联互通，资源共享"的二十四字指导方针。

随后，北京、上海、苏州等不少城市都宣布了雄心勃勃的城市信息化发展计划。2006年3月24日，国务院信息化工作办公室印发了《国家电子政务总体框架》，全国各城市信息化领导小组依据该总体框架，开展"十一五"时期的电子政务建设。《国家电子政务总体框架》提出的任务是：覆盖全国的、统一的电子政务基本建成；目录体系与交换体系、信息安全基础设施初步建立；重点应用系统实现互联互通；政务信息资源公开和共享机制初步建立；法律法规体系初步形成；标准化体系基本满足业务发展需求；管理体制进一步完善；50%以上的行政许可项目实现在线处理，公众认知度和满意度进一步提高，有效降低行政成本。

我国数字市政的建设，是基于数字城市建设的基础而来的，依据城市信息化发展战略，借助现代信息技术的快速发展，构建与城市发展相协调的数字市政建设规划，为市政公用事业的管理创新提供有力的技术支撑。数字市政信息平台建设标志着运用现代信息技术，实现数字市政监督、管理、服务为一体的综合信息化的新开端，代表着我国市政公用行业管理的发展趋势。2006年国务院颁布的《国家中长期科学和技术发展规划纲要》指出："要将城市信息化作为城镇化与城市发展的优先主题"。国家住房和城乡建设部指出，要以推广数字化管理手段作为构建和谐社会的主要抓手，将现代信息化技术的应用范围向地下管线、城市运行等领域拓展。

国内城市市政基础管理运行的信息化起步较晚，但发展迅速，已具有一定基础。1990年北京市地下管线信息系统获得批准。上海、无锡、常州、佛山等城市相继开展地下管线信息系统的建立工作。20世纪80年代，广州市建成了城市管网管理信息系统（GUPIS），以GIS为核心，实现了断面分析、网络分析、管网工程规划综合、管网工程辅助设计、管网地图综合等分析功能。广州数字市政项目提出了统一信息平台的理念，对煤气、供水、排水、通信、电力以及城市道路等各类市政园林公用系统方面的地下管线进行全方位数字化处理。在综合管线网系统开始研究和应用的同时，一些城市电力、电信、有线电视、自来水、路灯等专业管理部门也构建了专业的基础设施信息系统。上海市自来水公司开发了一套文档管理网络系统，处理供水管网管理、维修等日常事务；广州市自来水公司在1996年也建立了供水管网系统；上海电缆输配电公司用地理信息系统管理全市区各类电压等级的电力电缆、近7000张电缆线路图及数以万计的电缆台账卡。

进入21世纪以来，城市级和企业级的基础设施信息综合集成系统开始出现。目前，国内已有几十个城市不同程度地开展了数字市政的建设工作，制定了数字市政发展规划，确定了数字市政工程的内容，并完成了部分系统的开发和试用阶段。中国数字市政公用行业发展目前正处于系统应用向集成整合发展的阶段。江苏省常州市统一建设城市供水、排水、燃气、路灯和综合信息系统，在统一的基础地理信息平台之上，统一管理城市市政公用基础设施，建立市政公用地理信息系统平台，并计划在此基础上进一步扩展市政交通、道桥、园林绿化等市政公用、电力、电信基础地理信息系统，以及城市应急、GPS调度等，为企业和市民提供数字化公共服务。绍兴市经过近5年的探索，成功地将管网运行、供水服务、污水处理集成在一起，为城市居民的工程业务申请、信息查询、电子划账等提供一站式服务，大大提高了供水企业的服务水平。在此基础之上，绍兴市政府计划将电信、燃气、交通等其他市政公用行业基础设施的信息化建设整合在一起，为市民提供全面的市政综合服务，在以数字化技术提升城市基础设施利用效率和便民服务方面，发挥了不可替代的促进作用。

"十一五"期间，国家科技支撑重点计划项目的"城市市政公用基础设施管理与运营关键技术研究与示范"课题完成了市政公用基础设施综合集成管理平台和供水、排水、燃气、照明、道桥、园林、公交 7 个专业子系统，提出"1＋7"市政信息化建设模式。"城市市政管网信息管理系统及可视动态管理系统研究"课题深入研究了市政管网的可视化技术，及综合信息管理和应急处理的相关技术。"城市市政管网预警、决策与系统控制研究"课题的研究实现了行政主管部门和专业单位的设施信息化管理，并建立了两级市政公用基础设施数据的同步更新。

济南市数字市政工程围绕市政公用地下管网和地上设施的数字化与智能化管理，展开了 118 工程建设，整合城市供水、供气、供热、水质、排水、防汛、路灯、道桥等 8 大市政公用行业。系统采用"市政公用行业一体化"设计思想，实现市政公用地上、地下基础设施的数字化和智能化管理，将市政公用相关水、气、暖等各个不同行业的基础设施管理、安全生产、运行监测、指挥调度、客户服务等功能紧密连接到一个统一和标准的平台上，实现数据、业务、应急、调度、决策、分析、服务的一体化共享、交互和集成式管理。

除了上述城市，其他城市也积极进行数字市政的建设。长春市建立市政公用综合监管信息系统，对城市地上基础设施部件实行网格化管理，将市政公用系统的监管、服务、预警预报及应急抢险纳入平台，实施统一调度指挥。长春市的市政公用监管领域从以往孤立零散整合扩展为综合联运的 8 大市政公用专业，监管方式从人工巡查升级为自动化数字化监控，监管环节从个别环节延伸至市政业务全程。上海市公路管理机构在交警、供电、市政、绿化等部门的大力配合下，在外环线浦西段安装设置了交通监控诱导系统，数字市政的理念开始在上海的路沟桥中闪现，对于整体实现上海市智能化交通管理和提高道路管理部门的管理效率，具有十分重要的意义。

为了更好地推动各城市"数字市政"共同发展，促进市政公用事业持续、健康、协调发展，2011 年 10 月 28 日，在中国城市科学研究会数字城市专业委员会的指导下，来自全国 30 多个城市的 120 余名政府、企业与业内专家代表共同成立了"中国数字市政专业学组"。学组的宗旨是：研究国家数字市政发展政策法规，推广数字市政发展的新理念、新技术、新设备，加强各城市"数字市政"建设，搭建市政公用信息化建设工作沟通交流、政策技术培训平台，开展多种形式合作。

4.3 国内的发展路线

一方面，数字市政为市政公用事业的建设提供全新的规划、运行监控和服务监管等手段，为城市可持续发展的改善和调控提供有力的工具。另一方面，数字市政以市政公用基础设施的数字化和智能化为主体，在城市供水、供气、供热、照明和市容环境等各个领域广泛应用现代信息技术，加强市政公用产品供给和企业服务能力，提升市政公用行业运行质量，提高人民生活水平。数字市政的最终目标是通过信息技术建设一个功能一体化的综合管理服务系统来提升城市市政公用事业的安全水平、监管决策水平和服务品质，推进健康城市的形成，使生活在城市中的市民感受到宜居、宜业、安全、便捷。

我国数字市政的发展路线如下：

1. 将城镇市政公用基础设施管理与运营作为数字城市建设的基础

数字城市建设要从面向系统转为面向城镇亟待解决的问题，就要将城镇需求和服务作为数字城市建设的出发点。城镇设施作为基础性建设，是支撑城镇生存与发展的生命线。随着我国城镇的迅速发展，国家在设施建设上的投入日益加大。庞大的基础设施管理和城镇市政服务能力，给各级政府带来了很大的压力和挑战。供排水、燃气、道路桥梁、照明、公交、环卫等市政公用行业，普遍面临设施建设缺乏统一规划协调、设施事故频发、设施运行效益低下、漏失损耗巨大等问题。

基础设施管理与运营也就成为城镇信息化建设首要考虑的问题，是数字城市建设的基础。市政公用基础设施综合管理及运营平台分析城市市政管理部门（建设局、市政公用局）的业务需求和问题模型，融合信息系统与业务系统，将地上、地表和地下的基础设施用空间要素信息进行描述，建立完备的城市市政公用基础设施基础空间数据库，通过信息技术手段，形成市政公用基础设施规划、设计、施工、管理、维修、养护的运营体系，有效管理设施的空间及业务信息，提升市政业务管理与运营能力。

2. 构建城镇市政精细化管理公共信息平台，实现城市横向和行业纵向系统间的协同

城市市政主管部门从内部为主向外部为主过渡，站在城市整体需求和发展需要的角度解决实际问题，就需要构建一个支撑市政精细化管理的公共信息平台。通过数据共享和交换技术，让分散在市政各行业的数据、信息、资源流动起来；通过对核心关键数据的生产、集聚和挖掘，实现对数据的深度开发利用；通过业务数据时空化处理标准模型和接口，实现空间化、立体化、时序化的城市市政规划、设计、建设与运行管理。

"信息孤岛"的产生及蔓延，原因在于大家都意识到信息技术已经融入人们的日常工作，可以使各类工作完成得更加到位，大家都在积极建设各类系统和数据库，但缺乏顶层协调和架构设计，标准规范不一致，就算预留了接口，往往也会陷入无可对接的窘地。市政公用行业各单位都有各自独有的数据，也存在重复采集生产的数据，这对于市政信息系统来说，无疑是不必要的浪费，对于一个城市来说问题会更加严重。

传统的城市空间包括城市自然空间（静止空间）、城市物质空间（静止空间）和城市生活空间（活动空间）。国务院赋予住房和城乡建设系统的职责是合理规划、设计并建造城市的物质空间，并且要求所建设的城市物质空间要与其自然空间相得益彰，向低碳生态目标发展，为城市居住者提供优质的生活空间。从这个角度来看，相对于其他行业部门来说，市政信息系统在其业务管理过程中产生的各类数据是城市最为基础性的数据，也是其他行业部门在业务管理中非常希望获取的数据。但是，市政公用行业涉及职责多，往往由各专业部门分块履行相关职责，缺乏有效的机制和组织以保障市政系统单位之间、上下级之间数据的共享和交换，没有实现横向和纵向系统间的协同，更难为其他行业部门提供数据支持和服务。

"十二五"期间，行业各级行政主管部门应共同推进城市精细化管理公共信息平台的

建设。市政公用行业也不例外，应解决行业内部的数据共享、交换、整合、利用问题，同时要彻底突破传统本位主义思想的束缚，主动共享城市空间地理数据、地下综合管网及专业管网、地上设施数据等其他行业部门亟需的基础性、支撑性服务数据，促进城市市政建设与运行管理能力提升。数字城市的建设，为城市拓展了一个新的空间——"城市信息空间"，这个空间是一个可流动的空间，城市市政精细化管理公共信息平台的建设势必更有力地拓展城市的空间承载能力。

3. 提高城镇市政综合监管与处置能力

目前城市都有属于自己的市政综合监管部门（建设局、市政公用局），分管城市市政公用基础设施建设、管理和运行。但目前市政公用行业众多，管理较为松散，监管力度不够，再加上一些城市切合民生的供水、燃气行业改制企业化运作，甚至依靠外资注入，其管控范围涉及市政工程布局规划、建筑质量、工程进度、安全运营、应急抢修等多个方面，监管能力就更为薄弱，应急处置效率不够，造成不必要的损失。

因此，一方面，可考虑将庞大的市政各行业的业务信息，利用市政精细化管理公共信息平台，集成管理市政公用行业的各类基础设施的空间及业务信息，方便市政综合监管部门的统一管理；另一方面，可在精细化管理公共信息平台基础上，开发建设针对不同行业的精细化监管业务系统、应急指挥及处置系统，形成一套完整的设施规划设计、工程管理、综合监管、应急指挥、抢修处理的业务化流程体系，从而提升行业综合监管能力，提高市政公用基础设施应急响应及处置效率。

4. 提高城镇供水水质质量，保障居民生活用水安全

针对我国城市化进程中所面临的水源污染、突发事故等带来的城市供水污染问题，为保障城市饮用水安全，基于水质监控网络和分布式、网络化、多信源的水质信息采集技术、传输技术、处理技术、可视化技术、地理信息系统技术，建立城市级水质管理信息时空数据库和水质信息管理系统及可视化平台，实现从"源头到龙头"的全过程水质监控，为饮用水水质主管部门、供水单位进行饮用水水质的日常管理、科学决策和预警应急提供技术支撑，保障居民生活用水安全。

水质信息管理系统及可视化平台实现信息汇总，基础信息、水质上报信息、在线监测信息的统一管理、检索统计、时空分析、水质简报、应急事件、日常管理、资源库管理等功能，实现水质信息的统一管理、时空分析与可视化展示，形成对城市饮用水水质进行存储、管理、展现、分析、监控、应急支持的综合平台。

例如，国内某地发生水体苯酚突发污染时，就可利用平台检测到水源水苯酚浓度超标，并通过邮件、短信、报警等方式通知相关单位、人员，应急响应人员通过应急资源管理组织相关的知识库（如技术、方法、方案等）作好准备，并启动应急响应，通过模拟及分析模型，分析污染影响范围和程度，根据知识库方案，采取相应的预案，并进行应急协同与指挥调度。

5. 加大城镇排水系统监测力度、提高城镇内涝分析能力

随着城市建设的迅速发展，城市地面硬化和不透水面积逐渐增大，极端天气多发频发，城市内涝问题呈现日益显著的态势。据住房和城乡建设部2010年对351个城市进行的专项调研结果显示，2008~2010年间，全国62%的城市发生过城市内涝，严重威胁人民群众的生命财产安全，也为城市管理带来了巨大的挑战。

及时准确的监测、预报、预警是最有效、成本最低的灾害防御办法。建立城市内涝监测与预警决策系统，通过数据库统一管理空间数据、实时水位流量数据等信息，构建径流模型、水力计算、积水仿真等内涝监测预警模型，形成城市内涝预警方案，提供城市内涝的辅助决策、内涝预警、风险评估等支持，从而做到内涝的及时有效预警，提供非工程手段来实现城市内涝从被动防御转向主动防御，减低城市内涝带来的社会经济损失。

6. 保障城镇燃气管网安全，提高燃气运营调度水平

近年来，随着天然气的开发利用和城市燃气公用事业的逐步放开，各路资本竞相涌入，现有城市燃气市场资源的争夺日趋激烈，一个城市往往有多个燃气企业；同时由于城市燃气管网系统的高风险性以及事故后果的严重性，政府对于燃气企业的安全运营的监管是第一位的，因此，建立燃气综合运营调度平台，保障城镇燃气管网安全，提高燃气运营调度水平变得越来越重要。

燃气综合信息化平台以运营调度为核心，集成城市燃气企业现有部分业务系统的信息资源，并对这些资源进行集成展示和挖掘应用。在政府层面，平台注重对燃气企业安全运营信息的业务监管与宏观掌控；在企业层面，通过对企业内部所有信息资源的统一调度，指导生产运营。

通过平台的建设，将有效形成统一的监管调度管理工具，并依托平台形成标准安全规范流程，为保障城镇燃气管网安全打下良好的基础。

平台可以实现对气量、巡检、管网隐患、视频、加气站的实时监控，并实现监测预警、安全保障。

7. 研究城镇垃圾监测精细化管理模式，提高城镇垃圾处理能力

随着城镇化的进程加速，更多的人口聚集到城市和村镇当中，城市污水和垃圾排放量的增长速度快于 GDP 的增长速度，而且快于基础设施建设的速度；垃圾和污水有害化、有机化程度不断加剧；城市垃圾没有及时处理，村镇垃圾已铺天盖地而来。这一切对城镇的污水处理、垃圾处理能力提出了极大的挑战。

面向城镇污水及垃圾治理等问题，开展全国城镇污水和垃圾处理评价指标体系和年度评价模型研究，综合利用高分辨率遥感影像和物联网传感设备，开展对污水和垃圾处理设施定期遥感分析，逐步实行城镇污水处理的远程实时监测和核查，完善和提升全国城镇污水处理和垃圾处理管理信息系统功能，扩大监管覆盖范围，缩短监管时间间隔，增强监管信息的精确性和丰富性，为实现减排目标提供科学决策支持和有效管理手段。

8. 加强以地下管网为核心的数字化城建档案建设

地下管网是住房城乡建设事业关注的主体对象之一。地下管网是城市的生命线，城市大量的经济社会活动离不开地下管网的水、电、热力、燃气等能源供应。传统的城市档案是以纸质档案保管地下管网资料，后来发展为纸质档案电子化扫描光盘存档，现在要朝着数字化城建档案的方向发展。但是，这里要指出的数字化城建档案需要城市的规划、建设、房管、城管等多部门协同建设，而并非传统意义上的建设工程项目竣工档案移交概念。

数字化城建档案需要解决的核心问题之一是，以类似公安部发放的人员身份证号码构建全国唯一的建筑物身份标识码，形成住房城乡建设系统单位内公认的设施基础数据指标、各类附加属性信息，供其他行业部门服务；数字化城建档案需要解决的另一个核心问

题是建立城市地下管网数据的动态更新机制，实时采集地下管网普查的阶段性成果数据、管网权属单位动态变化的数据以及城建档案馆接收的工程数据等，通过一套协作的入库、交换、共享系统，建立起城市综合管网数据库和公共服务系统。

9. 以公共信息平台促进城镇市政综合信息资源的开发和利用

城镇市政综合信息资源是指给水、排水、燃气、道桥、公交、园林、照明等保障城镇可持续发展的关键性设施相关的空间数据、属性数据、动态监测数据、业务数据的总称。

针对目前城镇市政综合信息资源更新不及时、共享服务体系未形成、规划建设难协同、运行情况难掌握、信息化水平参差不齐等问题，运用 GIS、物联网、移动计算等新技术，研究城镇市政综合信息资源长效更新与集成共享技术，建立城镇市政综合信息资源公共服务平台，促进城镇市政综合信息资源的开发和利用。

第三篇
数字市政的框架

目前我国大中城市在"数字城市"建设方面已经具备了丰富的实践经验,无线传感器技术、三网融合、城市空间信息网格、城市地址获取都有了充分实践和积累,具备了智慧城市的基础。与发达国家相比,尤其是较早开展研究的美国、欧洲相比,我国在传感器研究,多源数据连续监测与实时获取,海量数据汇聚、处理、分析,空间信息网格服务等方面还有比较大的差距。

时间、空间和属性是地理实体和地理现象本身固有的三个基本特征,是反映市政公用基础设施及其运行状态的基本要素。理清时空特性、时空数据模型、时空数据库与数字市政的关系是市政信息化研究的重要部分。

数字市政作为城镇在信息维度上的一个投影,除了具备一般要素外,还具备较多特有要素,在本篇中归结为 RSSE(资源、安全、服务、节能)业务模型。数字市政的总体框架是市政信息化平台建设的基本框架,它由时空信息管理层、政府监管决策层(TLP)、行业综合应用层三个子体系构成,囊括了数字市政建设的各个方面。

第5章 数字市政的时空概念

城镇市政公用基础设施信息及动态运行信息和与之相关的地形、环境信息具有数据量大、载体多样等特点，具有典型的空间特征和时间特征，从根本上讲是时空信息。时间、空间和属性是信息的三种基本成分，理想的数字市政系统应支持信息的时态性，对时空数据进行统一的模拟和管理。目前我国的数字市政系统在处理时态数据方面尚有所欠缺，时空数据库模型已成为数字市政信息化领域的一个研究热点。

5.1 数字市政的时空特性

城镇市政公用信息化建设中，涉及的数据大多数既具有空间特征，又具有时间特征，如随着城镇的扩张以及城镇化进程的加快，各种市政公用基础设施的空间布局、空间位置等方面势必会随着时间的推移而有所改变。这种赋予了空间属性和时间属性的信息即为时空信息。时空信息在传统三维空间的基础之上，增加了时间维，能够在时间尺度上真实刻画城镇市政建设各要素相互之间的空间关系，这种空间关系可以体现为不同时刻的各要素自身关系，也可以体现为不同时刻不同要素之间的关系。可以说，城镇市政公用信息化建设中所有空间数据都是某一时刻的静态写照，将时间轴上不同时刻的空间数据贯串起来，便能更加真实地反映城镇市政的动态发展变化。

传统的市政信息系统大多不具有处理数据的时间动态性的能力，只是描述数据的瞬时状态。如果数据发生变化时，新数据将代替旧数据，即成了另一个瞬时状态，旧数据将会消失，无法对数据的更新变化进行分析，更不能预测未来的趋势，如地图资料、遥感影像等。这类数据信息就是常说的静态数据信息。而现实世界的数据不仅与空间相关，而且与时间相关，空间数据会随着时间的变化而变化，如何处理数据随时间变化的动态特性，即数字市政中的动态信息，是数字市政面临的新课题。因此，必须在传统的静态数据信息中增加对时间信息的管理和处理功能，这种能在时间与空间两方面全面处理数据信息的市政系统，才是真正意义上的"数字市政"。

在城镇市政公用信息化建设中，时空信息既能用于对城镇市政建设的过去情况进行分析，有效探索城镇市政公用行业的发展变化规律，又能对城镇市政建设现状进行评估，还能对城镇市政公用行业未来发展远景进行科学规划、展望与预测。由于城镇市政各要素在时间尺度上的变化规律并不相同，因此，只有深入研究不同要素的时间变化特征，才能大大提高城镇市政建设的水平。数字市政时空信息管理平台能够对各种时空信息进行有效的存储、组织、管理与分析，因此，基于时空平台的城镇市政公用信息化建设将有效促进城镇市政建设的发展，具有重要的实际意义。

5.2　数字市政的时空数据库模型

数字市政系统作为一种采集、存储、管理、分析与显示城镇市政公用事业的时空数据的计算机系统，随着应用领域的不断扩大，对数据的处理提出了更高的要求，要求能够保存并有效地管理历史变化数据，以方便将来重建历史状态、跟踪变化、预测未来。

描述现实世界的带有时间属性的数据库系统，特别是以时态数据为关键特征的系统通常称为时态数据库系统。时空数据库模型是一种有效组织和管理时态地理数据、事物属性、空间和时间语义的更完整的数据库模型。在时态数字市政的研究中，最基本最迫切的就是时空数据库模型的研究。时空数据库模型的优劣，不仅决定了时态数字市政系统操作的灵活性及功效，而且影响和制约着其他方面的研究和发展。为此各国学者纷纷进行了大量的努力，提出了各种时空数据的表示处理方法。本报告提出的面向对象的时空数据库模型，在处理时态数字市政的海量信息方面具有较好的效果，是目前较为完善的时空数据库模型。

5.2.1　面向对象时空数据库模型的概念

面向对象时空数据库模型的核心，是以面向对象的基本思想组织市政时空。其中对象是独立封装的具有唯一标识的概念实体。每个市政时空对象中封装了对象的时态性、空间特性、非空间特性和相关的行为操作及其与其他对象的关系。时间、空间及属性在每个时空对象中具有同等重要的地位，不同的应用中可根据具体的重点关心的方面，分别采用基于时间（基于事件）、基于空间（基于向量）或基于属性（基于栅格位置）的系统构建方式。

对市政信息来讲，事务都处在一定时间环境当中，并随时间演进发展变化。信息和数据是市政事务的反映，因而也随时间而变化。随时间变化的信息与数据称为时态信息（temporal information）和时态数据（temporal data），统称时空数据库的时态性。时态信息本身通常也可能不表现出其时间特性，而是通过时间标签（timestamps）来描述其相应时态特征。

1. 数据的时间维度

1）有效时间

有效时间（Valid Time）是指一个对象（事件）在现实世界中发生并保持的那段时间，或者该对象在现实世界中为真的时间。

有效时间可以是单一的时间点、单一的时间期间，或者是时间点的有限集合或时间期间的有限集合，或者是整个时间域。也就是说，一条记录的属性取值可以在任意的时间点，任意的时间期间内为真。与用户自定义时间不同，当查询语句被检测到存在有效时间时态语义时，相应有效时间通过数据库系统进行解释。有效时间可以被更新，有效时间的创建和更新由用户自身完成。

2）事务时间

事务时间（Transaction Time）是指对给定数据库对象进行数据操作例如插入、删除或修改的时间，是一个事实进入并存储于数据库当中的时间。事务时间记录对数据库更新的各种操作历史，对应于现有事务或现有数据库状态变迁的历史，如数据录入数据库的时间、对其进行查询的时间、对其进行删除或修改的时间。

事务时间对应于现有事务或现有数据库的状态变迁历史,独立于相应实际应用,用户不能对事务时间进行任何处理。数据库中数据录入、修改和删除的时间由系统时钟决定,每次更新后数据不可再予以改变,因此,事务时间也称为系统时间(system time)。处理事务时间的方法是存储所有数据库的状态,即处理一个事务之后就存储一种数据库状态。任何对数据的更新只能对最后一个状态进行,但可查询任意一个状态。

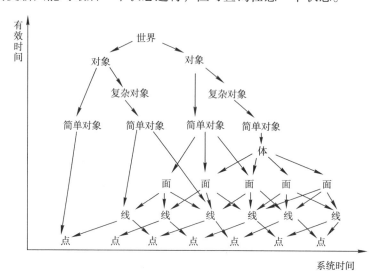

图 5-1　面向对象时空数据库模型的基本框架

在上述时空对象的结构中,对象的时间、空间和属性是对象重要的三部分信息,不同的时空过程或不同的应用目的,可分别以基于属性、基于位置或基于时间的角度来理解对象中的信息,相应的实现方式有基于向量、基于栅格和基于时间的方式。这是由信息变化的主导性决定的。

对于市政信息的具体组织结构,根据具体的时空过程或应用目的,采用动态、静态相结合的建立方法,即某一类组织结构是便于应用中某些方面的检索、操作分析等功能的,若具体应用中,对这些方面的要求较频繁,则采用静态建立的方式,反之,若在具体应用中对这些方面的要求较少,则可采用动态建立(使用时再建立)的方式。

2. 数字市政的时空数据库

常规的市政数据库通常只保留企业或设备的当前状态。客观事物总是随着时间而发展变化,当前状态总会被进一步发展的状态所取代,但在实际应用中,市政公用基础设施在某些情况下的过去信息甚至比将来信息更为重要,如供水调度系统中的加压泵,从其采购、安装直至设备的运行和报废,调度系统中的加压泵设备的运行功耗、平均供水压力、最大瞬时供水压力、空负荷时间段等信息。这就要求数据库能够在时间维上充分展开,有效管理各种与时间演进有关的信息数据。

常规市政数据库系统例如关系数据库系统、对象数据库系统也可以从事时间数据管理方面工作。例如,在关系数据库中,可以将市政公用基础设施的生命周期用一个属性表示,即将时间作为普通属性进行操作。既然时间作为了普通属性,则当进行关系操作例如查询与更新时(插入、删除和修改),就不可避免需要对时间属性进行关系运算(关系代数和关系演算)。而在事实上,时间元素的运算有其自身特点,不能简单纳入常规属性范围。实践已经表明，如果直接使用关系数据库等管理时态数据，就会出现时间描述粗放、数据管理困难、查询结果不符合常理等问题。特别是有关时间运算相当复杂，必须借助于复杂的应用程序，这会增加系统复杂性，也加重用户负担。

一个优秀的数字市政时空数据库应该由双时态关系组成，其时态关系是事务时间和有效时间，一个时态关系可以看成是一个历史关系的序列。对时态关系的一个回滚操作则是选取一个特定的历史关系，可对该历史关系进行查询。而每一个事务则引起一个新的历史关系的建立。

1）数字市政的有效时间

在数字市政的时空数据库模型中，设备的有效时间即为设备从规划到采购安装，直至设备的完全报废为止，其有效时间标签即为设备的真实时间。以供水的加压泵为例，其有效时间为加压泵的设计阶段的真实时间、加压泵的安装时间、运行时间和报废时间。在加压泵的信息上，这些连续的时间轴构成了加压泵的有效时间维度。

2）数字市政的事务时间

在数字市政中的事物时间为设备信息的数据库操作时间，同样以加压泵为例，其事务时间为加压泵信息的添加时间、信息查询时间、信息删改时间等。这些对加压泵信息的数据库操作时间构成了加压泵的事务时间轴。

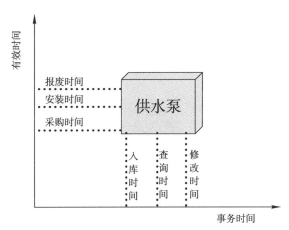

图 5-2　数字市政的时间数据库模型

由此可见，数字市政的双时态数据库具有回滚数据库和历史数据库的特性，在保存数据库变迁历史的同时，也保存了现实世界的真实的数据属性，真正体现了对数据时态属性的全面支持。当然，双时态数据库是以牺牲大容量的储存空间为代价的，对双时态数据库的储存进行优化是时态数据库研究的一个重要工作。

5.2.2　面向对象时空数据库模型的特点

对时间和空间信息处理的实际需要促使了数字市政中时空数据库模型的研究。本报告提出的面向对象的时空数据库模型，其特性可归纳如下：

1）在时空对象中，对市政信息的时间、空间和属性三部分进行了统一的表示。
2）数据结构中支持了有效时间和数据库时间的双时序。
3）对整个系统和具体对象的历史都采用了动态多级索引方式的基态修正存贮法，存贮效率较高，数据冗余少。

4) 基于双时序的数据组织方式，使对象及系统的状态变化历史表示直观，检索方便。

5) 对象的空间表示能力和系统其他功能的可扩充性强，运用范围广，适用于基于属性（矢量）、基于空间（栅格）和基于时间（变化事件）的应用领域，也适用于连续变化和离散变化的时空过程。

5.3 基于时空信息的业务模型

数字市政的涵盖面非常广泛，行业众多，包含城镇供水、排水、水质监测和污水处理、燃气供应、集中供热、城镇道桥和公共交通、环境卫生和垃圾处理以及园林绿化等行业。这使得市政公用行业具有点多、面广、分布复杂的时空特性，并且各行业之间的信息化具有整体性和互动性的特点。

从市政公用基础设施的合理规划到设备安装，从安全运行监控到服务质量监督，纵贯整个市政信息生命周期的海量时空数据如何进行有效的资源管理，如何进行深度的数据挖掘应用，如何在时间轴上分析历史数据和着眼未来，将传统的被动式应急转变为主动式预警，成为衡量一个数字市政系统是否成功的关键问题。

本报告结合数字市政的时空特性，应用数字市政时空数据库，将海量数据模型化、概念化，将抽象的数字信息附着在实体概念之上，提出了数字市政的概念模型，又称数字市政的 $GBCR^{SSE}$ 管理模型。该模型诠释了政府（Government，简称 G）、企事业单位（Business，简称 B）、公众（Citizen，简称 C）之间的和谐发展的规律。

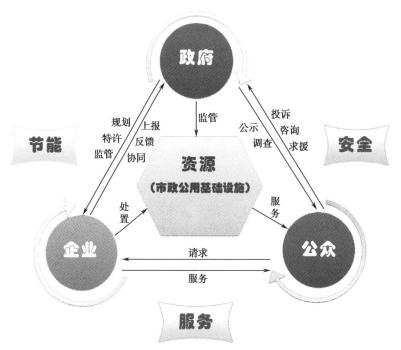

图 5-3 $GBCR^{SSE}$ 模型

可以看出在市政服务与管理中，各能动要素分工不同。政府（G）的管理服务职能分为两类：一、条状管理：包括行业规划、特许经营、企业监管等；二、事件的处理，表现在对基础设施进行监管，以及受理来自公众的投诉、咨询、救援请求等并组织相关资源予以响应。企事业单位（B）作为服务提供的主体，运营市政公用产品（包括城镇各类基础设施和市容市貌、环卫、园林、绿化等城镇环境），为市民提供服务。公众（C）则从中获得服务，并以监督者的身份参与公共事务。

GBCR^{SSE}是一个涵盖市政公用行业各方面的完整动态循环系统，构成一个以市政公用基础设施资源（Resource，简称R）为内点核心，G、B、C为外点的和谐三角。模型反映社会复杂的动态和谐，信息与物质叠加使其形成统一整体，涵盖市政公用行业发展要求的资源（R）有效配置、运行安全（Safe）保障、公共服务（Service）品质和节能减排（Energysaving）的宏观理念。其中R通过间接发送、接收信息成为数字市政的物质基础核心，专指市政公用基础设施，包括给水工程设施、排水工程设施、供气工程设施、供热工程设施、供电工程设施、交通工程设施、通信工程设施、环境卫生工程设施和防灾工程设施等。各级市政管理部门与所属企事业单位密切配合，调度城镇市政公用全行业资源以及社会公众力量，及时联动地处理涉及民生的各类公共问题。

在理想的数字市政体系中，以运行安全（s）水平不低于既定标准为约束条件，本着服务（s）最大化和能耗（e）最小化的原则，为政府、企业和市民提供全面的数字化和智能化服务。

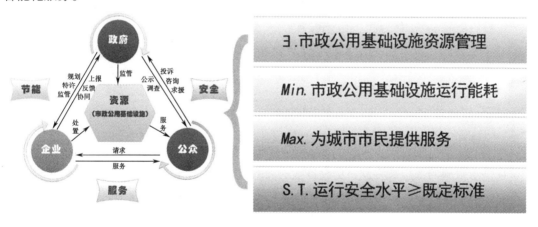

图 5-4　GBCR^{SSE}模型最优方程

5.3.1　资源管理（R）

城镇道路、桥梁、供水、供暖、排水管网等市政公用基础设施资源，是发挥城镇基本功能的必备条件和基础，也是表征城镇经济、科技等发展水平的重要标志。设施的高效管理是城镇现代化水平的直接体现，它不仅与群众的日常生活息息相关，而且对城镇的可持续发展意义重大。

随着近年国内城镇经济和建设的飞速发展，市政公用基础设施规模也呈井喷式增长，但是管理手段和水平却没有随着规模的扩大而同步提高，特别是采用数字化手段对基础设施进行管理方面，很多城镇还相当落后，大部分的管理还是基于纸质资料。由于设施数据种类多、数量大，分散存储在各部门和各下属单位中，基础设施资源数据散落在各处，无法共享，很难发挥信息资源的作用。有些地区虽然建立了管理信息系统来管理这些数据，但大多数都是基于纯数据库的方式，缺乏空间信息的表达，难以实现空间上的查询、统计、分析等功能。通过利用 GIS 技术对这些基础设施资源进行可视化管理和分析，是有效管理和充分利用设施资源的关键。

作为数字市政的底层数据支撑平台，能否为上层的应用提供详尽、准确的数据，是整个数字市政系统能否健康运行的核心问题。这里以时空数据库为底层的数据支撑平台，通过构建资源管理体系，采用信息化手段对各类市政公用基础设施资源（如道路及相关设施、桥梁、路灯、河道、排水设施、管网等）进行管理。以此为基础可以实现市政公用行业的规划、设计、建设、施工和运行维护等全过程生命周期的管理。

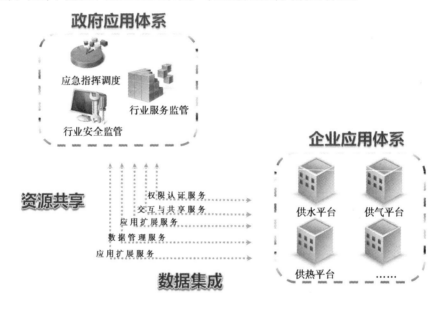

图 5-5　资源管理体系

以供水设施的加压泵为例，从设备施工段的市政规划、设备采购、安装、试运行、正式运行、维护检修直至设备报废，以加压泵的有效时间和系统时间作为时空数据库的双时态标签，将其整个生命周期都纳入资源管理的数据平台中。在政府应用体系和企业应用体系中，这种具有双时态标签的时空数据在数字市政的智能分析系统的调用下，可提供普通的历史数据库无法比拟的智能数据分析，为管理者进行市政基础资源的综合管理提供有效手段，为各企事业单位的生产运营、服务营销和资源资产管理提供支持，同时为政府相关部门的应急指挥、行业监管提供数据支撑。

5.3.2　安全预警（s）

市政公用行业安全运行的目标是通过对市政公用基础设施进行全面规划、设计、建设、维护和运营管理，建立预警、报警、调度和应急体系，保障设施始终处于安全状况。随着经济社会的快速发展，市政公共安全风险和隐患逐步增多，而市政应急指挥调度体系还存在一些薄弱环节，主要体现在：运行监测信息获取滞后、突发事件预测预警手段薄弱、信息共享的力度和深度需要进一步强化、智能分析及辅助决策手段需要进一步提高等。

市政公用行业存在点多、面广、分布复杂的特点，尤其是对需要监控预警的行业，例如防洪防汛，更不能简单地只根据以往经验进行被动的应急，而是要借助时空数据库的数据分析，从被动应急逐渐转变为主动预警，在事故发生之前进行事故处理。通过建设一张完整的运行监控预警处置网络，通过压力、流量、温度等各种传感器，实时监控供水水质水压、燃气压力、供热温度和桥梁应力等数据，实时查看设施的运行状态是否良好。运用物联网技术，实现对市政公用每一个重点设施的全过程、全时段的监控预警，通过多种方式传输并进入时空数据库以进行智能处理。在时空数据库调取历史数据，生成实时监控曲线，并根据曲线变化趋势生成未来的模拟数据，当模拟数据异常或变化趋势异常时，立即借助应急指挥系统及时调度应急资源和处置队伍，保障设施的安全运行和正常运转，使整个行业的安全运行可把握、可控制、可预测，实现安全管理模式创新。

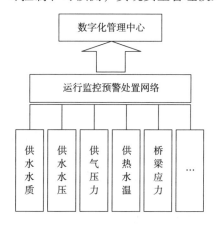

图 5-6 安全预警体系

构建市政安全与预警管理体系，着眼于设施运行的安全管理，着手于在行业安全运行和应急管理领域，应用物联网、GIS、移动互联网等技术，加强了实时感知、信息共享和智能分析，从而有效提高的城镇安全运行动态监控、智能研判以及突发事件现场感知和快速反应能力。

5.3.3 公共服务（s）

我国自建立社会主义市场经济体制以来，经济社会发展水平不断提高，公众对公共产品的需求总量持续增加，需求结构不断变化。随着城镇基层民主政治的深化，由政府主导、社会参与、居民自治构成的城镇社会管理体系不断完善，居民要求参与社会管理的意识进一步增强，拓宽政府与居民之间的沟通与交流，加强居民对政府的监督已呈必然趋势。

强化政府的公共服务职能，提升企事业单位的服务效能，确保公用产品的有效供给，已成为构建可持续发展的和谐社会的重要内容。一方面，服务型政府建设的要求和加强政府绩效考核是党的十七大关于政府建设的主要内容，将推动政府行政服务质量的改进。另一方面，市场竞争的加剧及企事业单位科技水平的不断提升将切实提高公用产品的服务质量和供给效率，最大限度地发挥设施运行效能。这已成为全行业发展的共识。

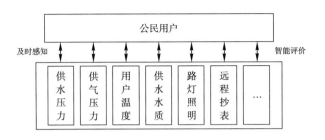

图 5-7 公共服务体系

通过市政公共服务管理体系的建立，帮助政府转变服务职能，创新服务方式，有效提高政府办事效率，完善城镇市政公用各方面的管理和服务，最终为居民创造现代、舒适、宜人的城镇生活环境。

5.3.4 运行节能（e）

随着城镇市政公用基础设施数量的增加，市政公用行业耗能已经成为财政很大的支出负担。在国家倡导"节能减排"、提倡"循环经济"的大环境下，市政公用行业的节能控制必须融入环境因素、灌输减排意识、应用新型技术。一方面，市政公用基础设施中众多项目的建设和运行都是高能耗、高污染、高排放的，基础设施建设和运行需要消耗大量的高能源、高碳密度原材料产品，可以说市政公用行业的有效减排对城镇的减排是一个巨大的贡献。另一方面，节能减排又是实现城镇可持续发展的关键。实现设施的节能减排，必须运用低碳化建设和运营模式。因此，探索一种低能耗、低污染、低排放的建设和运营模式是十分有意义的。

应用时间数据库模型，通过在时间轴上回滚历史数据，可以清晰分析出能耗、污染、排放的环比和同比变化曲线，将数据曲线同预期目标相对比，分析节能减排成效和不足之处，落实下一步的重点工作。

利用现代化信息技术管理理念、计算机自动管理技术、远近程通信技术、监控与数据采集技术进行城镇运行运营节能管理，能够在供水优化调度、路灯单灯节能、供热分户计量等方面，实现市政公用基础设施的自动化、智能化科学管理，实现集中控制与节能，达到节能减排的目标，提高系统整体的社会效益、管理效益、经济效益和环保效益。

第6章 数字市政的框架体系

6.1 总体框架

数字市政是城镇市政管理信息技术的综合应用。系统的基本框架包括时空信息管理层、政府监管决策层和行业综合应用层三个层次（图6-1）。

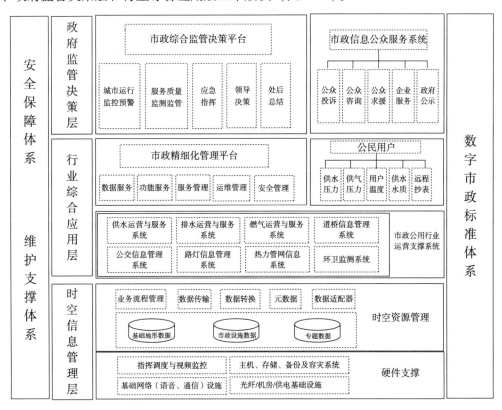

图6-1 数字市政总体框架图

1. 时空信息管理层

以市政公用基础设施为对象，采用数据仓库、分布式计算、GIS等技术，组织和建立数据资源目录，构建市政基础资源管理与共享应用体系，为政府及企事业单位的信息共享提供支撑环境，最终实现信息资源共享和业务沟通。

2. 政府监管决策层

建设政府综合监管决策体系，全面监管行业的运行状态，对一些突发、应急和重要事件作出快速、有序、高效的反应。利用物联网技术对市政各行业设施运行进行实时监测和监控，同时将分布在各行业信息系统中的运行运营数据按照统一的数据标准和业务流程规则，集成汇总到数字市政统一数据仓库中，动态集成并有效管理城镇市政运行状态。

3. 行业综合应用层

行业信息化综合应用的范围包括城镇供水、城镇排水、城镇燃气、城镇供热、道路桥梁、城镇防汛、城镇照明、公共交通、环境卫生和园林绿化等市政全行业，涵盖了城镇市政管理的主要方面。各行业通过对基础空间数据、地下管网数据、地上设施数据以及行业运行运营数据的综合应用，建立和完善行业综合应用系统群，并在标准的框架下实现与上级政府部门的数据集成与共享，全面提升市政公用全行业的科技含量和信息化管理水平。

6.1.1 时空信息管理层

数字市政的时空信息管理层是以市政公用基础设施的数字化建设为基础，管理全行业设施的时空数据，建立时空数据的智能化管理平台，进行统一的集成分析，并为上层的系统应用提供翔实、准确和完备的数据支撑。

1. 时空数据层

市政时空数据层是整个数字市政底层基础，采用中间件、元数据、数据库、分布式计算等技术，根据统一信息资源理念将整个市政公用行业的基础资源信息进行集成，建设统一的时空数据层，形成数字市政数据信息存储管理体系。以协调的运行机制和科学的管理模式为基础，以完整的技术标准与规范体系为依据，以有效的系统集成与应用支持平台为手段，实现高效的网络数据交换和共享访问机制，构建多种专题设施系统，达到满足防汛、照明、排水、道桥、燃气、供水、供热等应用需求的目标，并为整个数字市政系统提供全面的、多维的、多尺度、多分辨率、多时间的信息共享服务。

市政时空数据层按照资源整合、资源管理、资源共享的总体思路进行建设。资源管理平台系统框架如图 6-2。

最底层是资源整合层。资源整合层是建设数据的基础，根据统一的数据标准，局及下属单位对已有的市政资源基础数据进行抽取、转换和整合，形成共享资源库。对于市政资源基础数据不健全的数据采用统一规划、统一采购、统一建设，并按照指定的数据标准通过资源整合，合并到市政资源管理平台中。资源整合通过整合服务和不同资源的适配器实现。

中间层是资源管理层。通过资源管理、综合管网以及专项数据管理系统的资源管理功能，满足市政资源基础数据日常维护和更新等管理，实现市政资源基础数据的统一性和一致性。通过建立统一的市政资源基础数据目录库，提供对整个市政资源基础数据的描述，为数据库的检索和查询提供了接口。

最顶层是资源共享层。通过资源共享提供对外的市政数据信息共享功能。针对不同的面向对象，开放不同层次的资源基础数据共享和功能共享。

系统建设的主要任务是实现城镇市政时空数据整合：

1）城镇市政时空数据一体化存储管理

建立城镇市政多维时空数据表达模型，使得多维时空数据能统一管理，从时空角度进行综合分析，实现海量分布式异构时空数据资源的集成与共享。

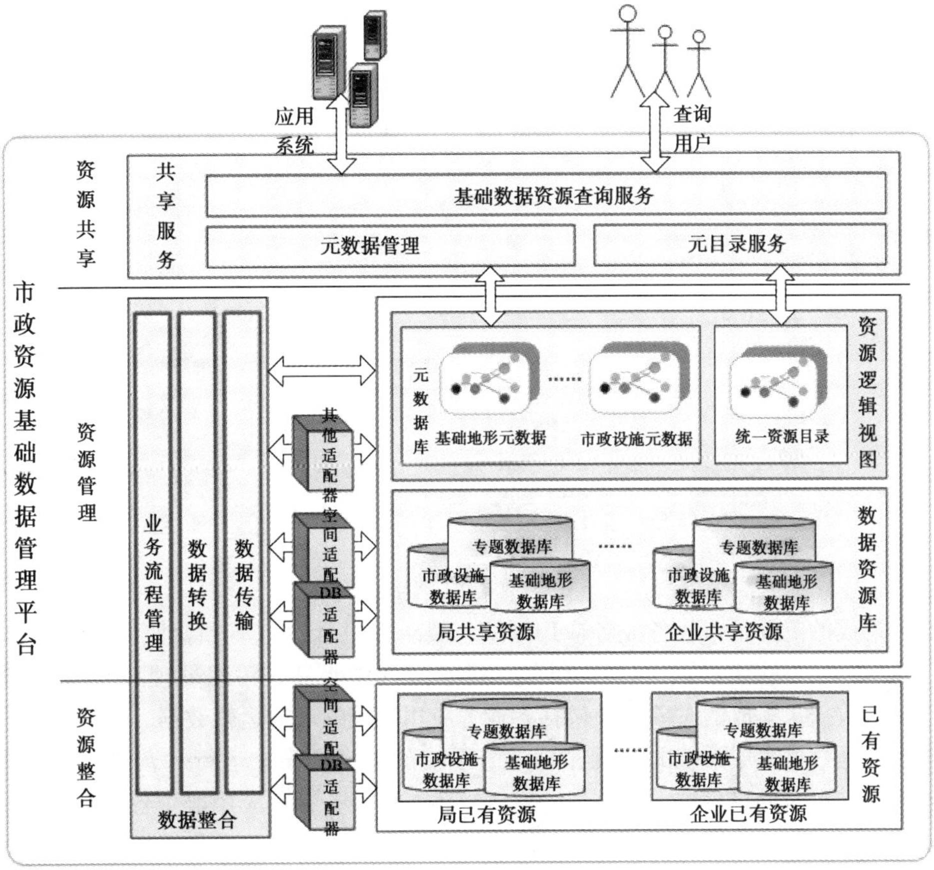

图 6-2 时空数据层架构图

2）城镇市政空间数据库技术

城镇市政空间数据在数据格式、语义、尺度、时态、类型等方面存在着差异，建立多尺度城镇市政空间数据整合模型，构建面向多层次多主题的城镇市政空间数据库，实现城镇市政空间数据抽取、清洗、提炼、过滤和空间变换，完成多层次多主题城镇市政空间数据在空间特征、属性特征、尺度特征和时态特征上的一体化整合。

2. 集成分析层

市政数据集成分析层，将市政公用各业务专项应用系统的运行、运营数据，按照统一的数据标准和业务流程管理规则，实时或定量地抽取、汇总，形成市政业务数据海量存储，为综合监管决策层提供数据来源。

市政数据的集成，旨在运用地理信息系统、分布式数据库和模型规则分析等技术，将分布在各专项业务系统中的独立运行运营的业务数据按照统一的数据标准，集成汇总到数字市政统一数据库中，构筑一个可应用于政府和企事业单位的数据集成平台，有效管理并动态集成城镇市政运行运营业务数据（图 6-3）。

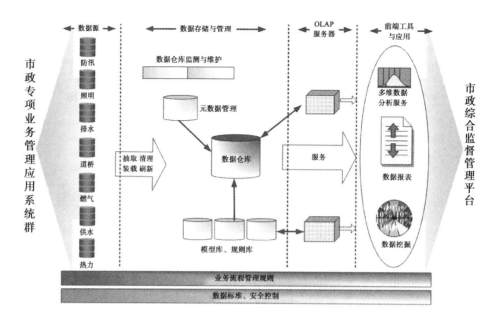

图6-3 数据集成平台架构图

数据集成的范围是市政各业务应用系统，要求提供针对水质预警监测、防汛、照明、供水（含水厂、二次供水）、供热、供气、排水（含中水站、污水处理厂）、道桥等业务的运行运营数据。集成的对象主要包括各业务应用系统的运行运营数据。

数据源是数据集成系统的基础，是整个系统的数据源泉。运行运营平台主要是从防汛、照明、排水、供热、供水、燃气、道桥等各专项业务管理应用群中各平台、各类型数据源中抽取业务数据，经过清理和装载后，按照一定的规则和标准将数据加载到运行运营数据集成平台中。

数据的存储与管理是整个数据集成平台的核心。在现有各业务系统的基础上，对数据进行抽取、清理，并有效集成，按照主题进行重新组织，最终确定数据的物理存储结构，同时组织存储元数据（具体包括数据字典、记录系统定义、数据转换规则、数据加载频率以及业务规则等信息）。按照数据的覆盖范围，数据存储可以分为企业级数据库和部门级数据库（通常称为"数据集市"，Data Mart）。数据集成的管理包括数据的安全、归档、备份、维护、恢复等工作。

OLAP（联机分析处理）服务器：对分析需要的数据按照多维数据模型进行再次重组，以支持用户多角度、多层次的分析，发现数据趋势。其具体实现可以分为：ROLAP（关系型联机分析处理）、MOLAP（多维联机分析处理）和 HOLAP（混合型联机分析处理）。ROLAP 基本数据和聚合数据均存放在 RDBMS 之中，MOLAP 基本数据和聚合数据均存放于多维数据库中，HOLAP 是 ROLAP 与 MOLAP 的综合，基本数据存放于 RDBMS 之中，聚合数据存放于多维数据库中。

前端工具与应用：前端工具主要包括各种数据分析工具、报表工具、查询工具、数据挖掘工具以及各种基于数据库或数据集市开发的应用。其中数据分析工具主要针对 OLAP 服务器，报表工具、数据挖掘工具既针对数据集成平台，同时也针对 OLAP 服务器。通过这些工具将数据挖掘分析结果提供给综合监管决策平台。

系统建设的主要任务是实现城镇市政时空数据智能集成分析：

1）城镇市政空间数据智能集成分析方法

针对城镇市政综合运行管理对多源数据智能集成分析的需要，将人工智能方法与传统空间分析技术相结合，构建城镇空间数据智能集成分析模型，实现多来源、多类型城镇复杂时空数据、信息和知识的智能化集成分析，为城镇市政综合运行管理智能化空间决策支持提供技术支撑。

2）城镇市政地理空间计算引擎

建立城镇市政地理空间计算引擎，集成各种高性能城镇市政空间数据智能集成分析并行算法与中间件，形成开放式城镇地理空间计算应用构建环境。

3. 功能支撑层

数字市政功能支撑层是在对时空数据的管理和智能集成分析的基础上，利用各类专项业务的决策模型和分析工具，为各个专项市政业务系统提供深层次、多维度的决策支持，为上层的政府监管和行业应用提供功能支撑。

系统建设的主要任务是：

1）城镇市政复杂时空数据动态挖掘

根据城镇市政综合运行管理决策支持的需求，从数据库中挖掘城镇市政时空演变的规律和模型，为城镇市政综合运行管理提供信息和知识服务。

2）构建城镇市政运行管理时空知识库

基于城镇市政时空规则推理库，实现城镇市政时空知识库的构建。以煤气泄漏、水体污染、管网爆管等为场景构建城镇市政应急响应知识库，提取突发事件处置和控制、人员疏散和救援等时空知识，实现城镇市政应急响应的高效组织和管理。

3）建立城镇市政综合运行决策支持模型

提供一个可视化建模环境，以图形化方式描述和搭建决策模型，建立具有时空动态模拟仿真的城镇市政运行决策支持模型。

开发决策支持模型维护、管理、调度和运行等功能模块，解决供水、排水、燃气等市政公用行业综合运营决策问题，构建面向市政公用基础设施规划设计和优化调度的通用模型和专业模型。

4）业务决策支持

通过数据、模型和知识，展示各部门业务范围内的所有基本信息、专题信息、运行动态、分析统计信息等重要信息，辅助领导决策。

5）系统功能支撑

提供展示支撑、工作流支撑、数据库服务和地理信息服务，同时融合其他成熟平台、成熟技术体系，联合组成分布式的统一规划的公共技术支撑平台。

6）城镇市政运行管理空间决策模拟与虚拟现实展示

运用数据挖掘、系统安全、风险评估、模拟仿真、人工智能决策等技术手段，实现多目标市政信息的时空过程场景建模、空间决策模拟模型、虚拟现实展示。

7）城镇市政时空数据集成分析与决策模拟平台

实现面向城镇市政运行管理的异构时空数据统一表达、一体化管理、集成智能分析、决策支持模拟，包括时空数据集成分析与决策中心、运行支撑环境、虚拟展示环境和灵活应用开发环境。

6.1.2 政府监管决策层

数字市政政府监管决策层是实现数字市政时空信息管理层和行业综合应用层功能协同的基础平台。建立政府监管决策层才能对时空信息管理层进行整合和可视化管理，实现各业务应用系统间的信息互联互通，通过整合市政范围内的各种要素信息与系统集成，打破信息屏障，大大提高政府部门信息化应用的水平，提高市政综合管理和公共服务的能力。

政府监管决策层的设计是基于日常业务和应急指挥业务而进行的。

1. 日常业务

日常业务包括市政公用信息的维护、查询、统计、评估、预测，为资源的统一规划、行业监管和领导决策提供依据。

1）设施运行监控预警

借助物联网监测设备和传感网络，对各类市政公用基础设施进行监控管理，实现市政运行运营数据和突发公共事件信息的存储、处理、分析、预测预警。

2）服务质量监测监管

系统通过多种方式获取市政各行业的服务质量数据，包括用户调查、行业监测数据采集、行业业务数据采集、用户来电等，实现对服务数据的分类管理和统计；同时对于用户反映的问题，通过派单的方式通知相关企业，督促其及时处理。

3）公共事件预警指标体系

根据历史数据资料整理和总结，制定预警标准或采用国家指定标准来制定突发公共事件标准。

4）通过多种渠道和形式，开展多部门的交流合作。

2. 应急指挥业务

应急业务用于对突发公共事件的决策、响应、GIS展示、事件处理和过程管理记录等。

1）组织制定和完善突发公共事件应急预案

按照国家规定和地方应急个案事件建立预案资源库。

2）制定和组织突发公共事件应急预案的模拟演练以及培训。

3）应急资源储备管理

建立和管理局级应急物资储备资源目录和资源储备信息库。

4）应急事件处置

（1）事件警报：依据监测系统报告和预警提示，触发应急指挥系统。

（2）事件警报确认：对上报和趋势显示的警报信息，组织专家评估，给出警报确认、等级划分。

（3）启动应急预案：调用预案资源库信息，参考预案标准，指导突发公共事件应急处理。

（4）专家评估：根据现场反馈信息，组织专家队伍，对事件处理提出评估意见，随时调整指挥指令，同时对突发事件的发展趋势和影响范围作出预测。

（5）汇总信息：及时将专家组意见和反馈汇总上报。

（6）领导决策：根据专家评估意见和汇总信息，向下级部门下达指令。

（7）应急资源调用：依据事件现场反馈信息，调配应急人员和应急物资储备。

（8）现场响应：包括对现场的事件处理、监管和执法；事件发展过程信息反馈和跟踪。

（9）完成对外媒体宣传和外界应答。

（10）事件评估：事件处理流程评估、性质评估、处理方式评估等。由专家组提出建设意见，完善应急指挥平台信息库和预案库内容，补充应急演练预案。

（11）事件总结：事件定性、突发过程中再分析和事件总结。

（12）突发公共事件预防宣传

组织应急相应法律法规的宣传、突发公共事件新闻宣传策划和协调工作等。

基于对市政公用行业的准确理解和把握，以提高管理效能、科学决策、应急指挥、提高服务质量为目标，通过循环的开发和完善，逐步形成设施监控、预警、应急、调度、决策一体化的行业运行管理信息化整合。配合远程工控技术建立城镇基础市政领域的监控系统，逐步实施诸如应急指挥调度、仿真模拟控制、故障诊断预警等人工智能辅助决策和管理的应用。

6.1.3 行业综合应用层

从数字市政综合管理和公众服务的实现功能目标来看，数字市政通过行业应用企业管理层体现政府信息化、市政管理信息化、社会信息化、企业信息化在业务层面上的应用集成和功能协同。行业应用企业管理层建设的重点应从解决企业管理最薄弱的环节入手，从人民群众最迫切问题入手，将为民、利民、便民的惠民项目放在建设的首位（图6-4）。

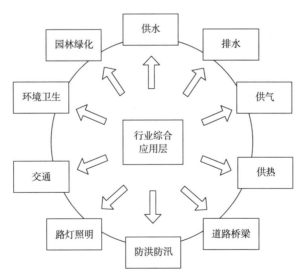

图6-4 行业综合应用层

基于统一资源管理平台和统一完整的技术标准与规范体系，对所属各部门及企业的专项应用系统分别建设，既兼顾现状运营管理的需求，还要兼顾IT领域发展趋势的技术先进性，分步骤集成相对集中的部门级管理系统和相对分散的企业运营管理系统，并最终全部纳入统一的数字市政管理体系中。

6.2 城镇市政公用信息化建设内容

为保证数字市政的有效开展与实施,提出"n2n"数字市政整体解决方案,包括"n 行业运营"、"2 一枢纽一平台"、"n 综合应用"的建设框架:

n 代表多个市政公用行业微观运营支撑系统,如供水运营与服务系统、排水运营与服务系统、燃气运营与服务系统等。

2 代表一枢纽和一平台,即市政综合时空信息枢纽、市政信息精细化管理公共信息平台。

n 代表政府宏观层面的综合应用系统,如市政综合管理与运营系统、市政综合监管、市政公用安全保障、市政应急指挥等。

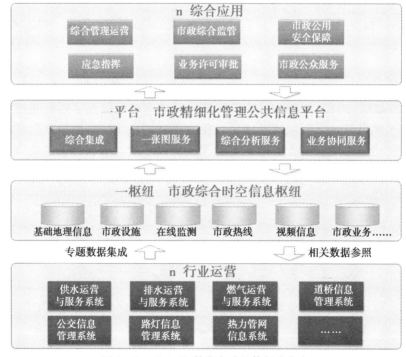

图 6-5 "n2n"数字市政整体解决方案

6.2.1 市政综合时空信息枢纽建设

市政综合时空信息枢纽包括基础地理信息数据库、市政公用基础设施数据库、设施在线监测数据库、市政业务数据库(城镇管理、规划、工程、巡检、养护、应急、抢修等)等各种综合数据信息。市政综合时空信息枢纽,既可以对市政各行业系统的专业数据进行整合,又可无缝获取政府宏观层面综合应用系统在运行过程中产生的各种综合业务数据,从而实现整个市政公用行业数据的流转、汇集、共建共享与动态更新,促进专业业务与综合业务的有效协同。

1. 基础地理信息数据库

作为统一的空间定位框架和空间分析基础的地理信息数据,反映和描述了地球表面测量控制点、水系、居民地及设施、交通、关系、境界与政区、地貌、植被与土质、地籍、地名等有关自然和社会要素的位置、形态和属性等信息。

1）数据内容

基础地理信息数据包括各种比例尺电子地图、数字市政专题地图数据和公众地图数据。

各种比例尺电子地图数据，包括测量控制点、水系、居民地及设施、交通、管线、境界与政区、地貌和植被与土质等要素层，比例尺系列应为 1∶2000、1∶1000 或 1∶500。

数字市政专题地图数据，通过数据提取、扩充和重组等加工，整合市政关注的且具有应用需求的社会经济信息，用来满足市政局及其专业单位部门的要求。公众地图数据，通过数据提取、扩充和重组等加工，增加了公众兴趣点，并在地图上标注水质信息、水压信息、停气信息、路面开挖信息等，经过脱密技术处理，可满足市政公用社会公众服务的需要。

2）数据更新机制

对已建立好的数据，建立长效更新机制。保证数据的现势性。数据的更新维护可以委托第三方完成。更新的地图数据可以用于政府市政主管部门和市政权属单位，达到资源的共享，降低数据建设成本。

2. 市政专题数据库

市政专题数据库是指综合数据枢纽中的基础设施数据、市政在线监测数据和市政业务数据，它是通过汇总整合各专业单位的专业数据以及接收综合监管、应急指挥等宏观数据的业务分析数据而建成的。

1）市政数据流转

以综合数据枢纽为中心，供水、排水、燃气、照明、工程管理处等市政各权属单位专业应用系统可以将自身的空间数据、基础数据、在线监测数据以及业务数据实时（或定时）上传并自动分类保存到综合数据枢纽的相应数据库，同时市政公用基础设施综合监管、大市政通、应急指挥等综合应用系统也可实时（或定时）将自身产生的综合业务数据上传、自动分类保存到综合数据枢纽的相应数据库，保证枢纽数据涵盖市政重点业务管辖范畴，确保数据的完整性与实时性。

综合数据枢纽以其丰富、完整、全面的数据信息为基础，不仅可以支撑多种综合应用系统的开发建设，如市政公用基础设施综合监管系统、大市政通、应急指挥系统等，而且可以向各专业应用系统提供其他专业应用系统的专题数据，并将综合应用系统产生的综合业务数据向各专业应用系统进行发布共享，最终实现市政综合数据的集成共享和业务协同，促进市政综合信息在整个行业的广泛深入应用。

综合数据枢纽与各权属单位专业应用系统以及综合应用系统的数据流转如图 6-6 所示。

2）市政信息一体化管理

由市政数据流转可知，综合数据枢纽可以实现市政公用基础设施的综合、一体化管理（如图 6-7 所示），不仅可以充分利用现有各种信息资源，如供水、排水、燃气、数字化城镇管理等信息系统的基础数据和属性数据，解决数据来源问题，而且可以有效节约数据采集建设成本，使项目经济可行、见效迅速。

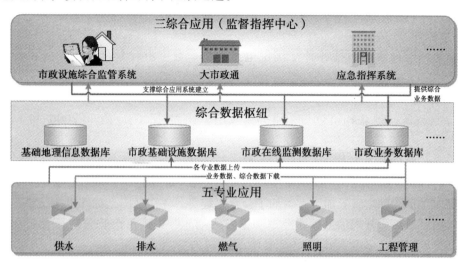

图 6-6 数据流转图

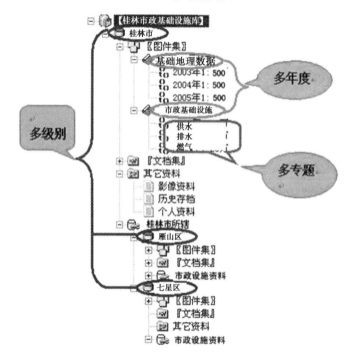

图 6-7 市政公用基础设施信息一体化管理

3）市政信息动态更新

综合数据枢纽不仅能够实现市政各行业专题信息的一体化管理，而且提供市政信息动态更新体系（如图6-8所示），能够实现供水、排水、燃气、照明、工程管理处等专业应用系统以及各种综合应用系统向数据枢纽的动态更新，为数字市政信息共享服务平台提供跨行业服务奠定基础。

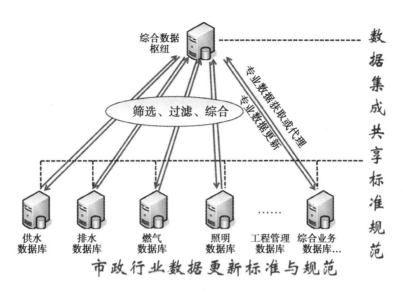

图 6-8　市政公用行业数据动态更新体系

市政信息动态更新体系满足市政公用行业数据分布存储、集中共享的需要，保证综合数据枢纽信息的现势性，在各系统数据正常生产和运行的同时，将数据更新到综合数据枢纽，支撑对市政公用行业的整体监管和综合信息发布；同时数据枢纽还可将市政综合数据共享给市政各相关单位共享查阅。因此，市政各权属单位（如供水、排水、燃气、照明、工程等）既是数据的生产者，又是数据的享用者，各单位共建共享、互惠互利、协同监管，使市政公用行业信息发挥出最大效益。

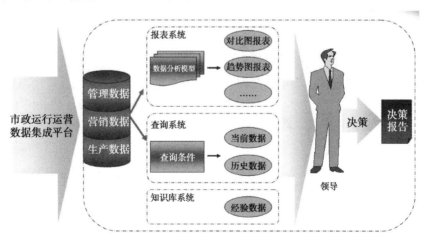

图 6-9　业务决策支持系统

6.2.2　城镇市政精细化管理公共信息平台

充分考虑市政业务管理需求以及"数字市政"的建设需要，以供水、排水、燃气、照明、工程等专业信息为基础，实现市政各专业信息及业务的综合集成与管理；采用面向服务的体系架构（SOA），建立完善的城镇市政公用基础设施业务协同和服务体系，提供丰富的面向市政管理的数据服务、功能服务、服务管理、运维管理，为快速搭建开发功能完善的专业应用系统和综合应用系统准备丰富的服务资源。

城镇市政精细化管理公共信息平台通过数据、模型和知识，辅助决策者以人机交互方式进行决策。业务决策支持系统能根据运行运营集成平台提供的集成数据，同时结合各类专项业务的决策模型和分析工具，为各个专项市政业务系统提供深层次、多维度的决策支持。

1. 数据服务：提供数据筛选、数据提取、数据处理、数据汇聚、数据表达、数据发现、数据访问、数据交换、数据更新等数据服务，支持市政各行业之间进行有效的数据共享与交换。无论是面向市政综合监管的综合应用系统，还是面向市政各权属部门的专业应用系统，均可通过服务的方式实现数据集成、共享与交换。

2. 功能服务：提供丰富的市政运营管理服务，如空间定位、地图量算、空间分析、工程打印等基本功能服务，以及三维建模、监控预警、工程监管、工程协同、应急指挥等专业功能服务，为搭建不同的专业应用系统和综合应用系统提供丰富的服务来源，保证各业务系统的快速搭建与实现。

3. 服务管理：实现对平台发布的各种数据服务和功能服务的管理、注册、审核、授权、状态监测、检索与申请、聚合、编排、发布、调用。用户可在平台的服务管理模块发布数据，管理维护自己发布的数据，审核其他用户提交的数据访问申请，以及检索并申请其他用户发布的服务与数据。

4. 运维管理：提供业务统计、服务监控、警报提醒、日志管理、元数据管理等功能，支持用户对平台进行更好的管理与维护。

5. 安全管理：具有系统用户管理、权限管理、事务管理、数据库备份与恢复功能，保证平台安全稳定运行。其中，数据库备份包括数据的备份和系统软件的备份，备份可采用全备份或增量备份方式，定期检查数据库备份的可用性。

城镇市政精细化管理公共信息平台提供丰富开放的信息服务、系统框架，以及统一的入口、安全机制和接口规范，为市政公用行业不同专业应用系统和综合应用系统的快速构建提供理想的数据环境和功能环境，为异构系统集成提供技术保障，防止"信息孤岛"、"应用孤岛"的出现，是推进"数字市政"建设的重要基础和有力保证。

6.2.3 市政综合监管决策平台

市政公用行业的公用性质决定了政府主管部门必须重视和加强对公用行业的监管，不断提高监管水平以适应社会需要。随着市场经济的发展，公用行业也面临改制、特许经营等诸多新问题，政府对公用行业的监管也面临新的考验。因此，需建设市政综合监管时空数据仓库，研发市政公用综合监管模型，形成市政公用综合监管体系（包括市政公用基础设施运行动态监控体系、市政公用产品质量评估体系、市政公用服务质量监督检查体系、市政权属单位综合评价考核体系），进而搭建市政公用综合监管平台，实现市政工程建设、设施运行、产品质量、服务质量的监管，并综合评估市政公用综合运营风险，对市政权属单位进行考核评价。

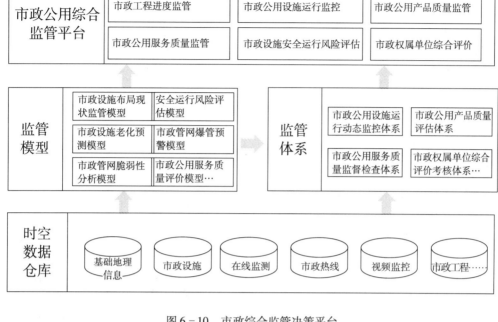

图 6-10　市政综合监管决策平台

推动实现市政综合监管四个转变：

1. 市政领域信息化从孤立零散转变为综合协同；
2. 监管方式从不定期人工巡查转变为动态实时监控；
3. 管理环节从个别环节延伸至全生命周期业务流程；
4. 事故处理从事后被动处理转变为事前主动预警。

平台建成后，可以想象，市政公用局、建设局、分管市长可以在一张图上监管市政公用基础设施运行情况、养护情况、服务情况、工程建设情况、事故情况等，并监督异常情况的处理情况，并进行各权属单位的服务排名，量化考核市政权属单位的业务情况，促进并提升市政公用行业服务和管理水平。

市政综合监管决策平台是在资源管理平台和数据集成平台的基础上，通过对全局数据的挖掘和分析，在统一的运行监督平台上将当前全局系统运行情况进行集中展现，全面监管设施运行状况和服务参数，实现对基础数据的全面管理，对运行运营数据的综合分析。

通过市政综合监管决策平台的建设，实现以下目标：

1. 形成一张运行监控预警处置网络：实现对关键设施的全过程监控报警预警，保障安全运行和正常运转，实现安全管理模式创新。
2. 形成一张服务质量监测监管网络：实现市政公用产品的合理配置、稳定供应、优质服务和科学监管。
3. 建立一个突发事件应急处置体系：针对特定突发事件通过对市政应急资源的科学调度，实现对全市突发公共事件分析、鉴别以及应急处置。
4. 建立一个创新的决策支持体系：为决策提供准确监测、科学合理预测、及时有效发布和动态反馈评估等功能。

为满足日常监管和应急决策的需要，实现以上建设目标，须构建以下应用系统：市政运行监控预警系统；服务质量监测监管系统；应急指挥管理系统；业务决策支持系统；技术支撑系统。

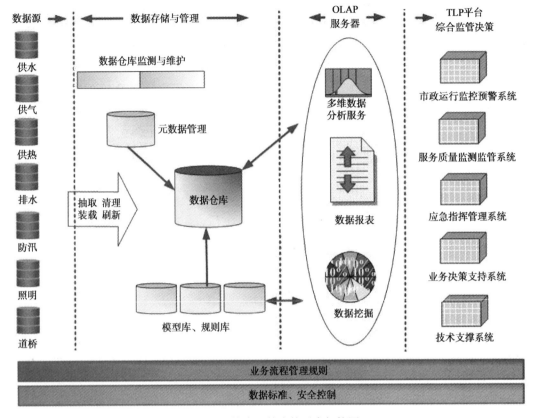

图 6-11 综合监管决策平台架构图

1. 市政运行监控预警系统

市政运行监测系统实现防汛、照明、供水、排水、燃气、热力、道桥等各行业运行指标数据的综合分析，并据此进行风险分析，可以将运行指标数据进行分项展示、区域展示和综合展示，实时、动态地掌握市政运行状态，准确地统计任意时间周期内各行业的运行情况，绘出任意时间周期内监测信息的曲线流量图和曲线走势图，提前预测未来一段时间的运行情况，把分析结果直观地展现在决策者面前，作为预测预警或事件处置的依据，实现对市政运行的总体监测和预测预警。

通过整合市政各行业的资源，获取重大危险源、关键基础设施和重点防护目标等的空间分布和运行状况等有关信息，进行监控，分析风险隐患，预防潜在的危害。

2. 服务质量监测监管系统

系统对各市政公用行业的服务质量数据进行综合分析，将各行业服务质量监测数据进行分项展示、区域展示和综合展示，实现对市政各行业服务质量信息的全方位监管，实时、动态地对服务质量进行评价。当服务质量不达标时，能及时反应、有效处置。

系统通过多种方式获取市政各行业的服务质量数据，包括用户调查、行业监测数据采集、行业业务数据采集、用户来电等，确保服务数据的概括性和覆盖面。通过对各行业服务质量数据综合分析，以及相应的查询统计等功能，实现对服务数据的分类管理和统计，同时对于用户反映的问题，系统可以通过派单的方式通知相关企业，督促其及时处理。通过相应的考核标准，以图表、报表等方式实现对各市政各行业服务质量的评价，并以排名的方式进行通告，督促落后行业改善服务质量。

6.2.4 市政公用应急指挥

市政公用基础设施是否正常安全运行直接影响着社会公共安全和生活质量。而对于市政公用事业管理部门，能否快速高效地应对市政应急事件，是政府的综合监管水平和应急响应效率的全面反映。

对于管网爆管、渍水内涝等各种市政应急事件，相关人员可通过大屏幕终端对应急事件进行监控预警、准备预案、辅助决策、监控执行、处后总结，实现对应急事件的智能化监管决策与应急指挥，力争在最短时间内解除或排除各种应急事件。

应急指挥管理系统是利用现代网络技术、计算机技术和多媒体技术，以资源数据库、方法库和知识库为基础，以地理信息系统、数据分析系统、信息表示系统为手段，实现对突发公共事件的分析、计划、组织、协调和管理控制等指挥功能。系统将有效整合各类市政资源，更好地维护社会稳定，确保城镇市政公用行业安全。构建与城镇战略发展定位相适应的城镇市政应急指挥体系，规范和加强市政公用行业突发事件的处置工作。提升城镇应急综合服务水平，提高处置突发公共事件的效率，控制并减少突发公共事件造成的危害和损失。依靠科学技术提高城镇市政应急管理水平，保障城镇在非正常情况下的正常运转。

1. 监控预警

采用移动物联网技术，充分应用移动通信、卫星定位、决策支持、地理信息、数字视频等一系列高新技术，对市政应急事件进行可视化监控，并实时将感测设备的感知信息（如爆管类别、爆管位置、降水量、排水口水位、排水管网的流速和流量等）通过信息网络连续性传输给监控终端，一旦监测值超过事先设定的阈值，系统即可发出报警信号通知相关人员有紧急事件发生，并同时在电子地图上将事故地点及其详细的属性信息进行高亮显示。

2. 准备预案

接到报警后，系统会快速准备好与市政应急事件相关的相关资料，如专家库、应急预案库、类似案例库、应急技术库等，方便应急抢险过程中随时查阅。同时，系统将切换到大屏幕模式，并将应急事件与相应的专题图（如供水管网专题图、排水管网专题图、燃气管网专题图、照明设施布局专题图、工程管理处分布专题图等）信息相结合制成应急事件专题图作为主屏投放到大屏幕中央，周边将预案库、案例库、应急技术库、处置过程记录等模块部署到辅助小屏上，全面支撑应急抢险处置。

3. 辅助决策

在预案准备完备情况下，系统可将应急事件所有相关的资源信息集中反映到大屏幕上，如抢险人员、车辆、视频监控、周边路况等信息，辅助专家实时了解现场实况，同时结合城镇市政公用基础设施建设现状，科学合理地指派就近人员或车辆选择最优路径赶赴现场，争取在最短时间内解决应急事件。

4. 监控执行

在现场部署决策后，管理人员可通过大屏幕实时监控现场的事件处理情况，一旦发现部署不合理，便可及时对应急方案进行调整或纠正，指挥调配人员、车辆等应急物资，以便尽快排除应急事件。

5. 处后总结

应急事件的处置过程将被完整记录下来，处置完成后可自动生成资料和报表，上报上级领导和相关部门。同时还可通过报表对相关过程进行追溯、总结和改进，结案后该信息将自动转到案例库，为今后的市政应急事件处置工作提供参考。

6.2.5 市政信息公众服务

针对目前市政公用领域公共服务应用欠缺、移动终端服务接入困难、用户使用体验不够良好、公众互动与参与不够等影响市政公用信息服务发展的突出问题，综合运用感知网络、移动通信及地理信息系统等技术，创新一站式、主动式、全方位市政公用综合服务模式，提供多样快捷的市政公共服务，推动城镇市政公共信息服务产业的形成与发展。

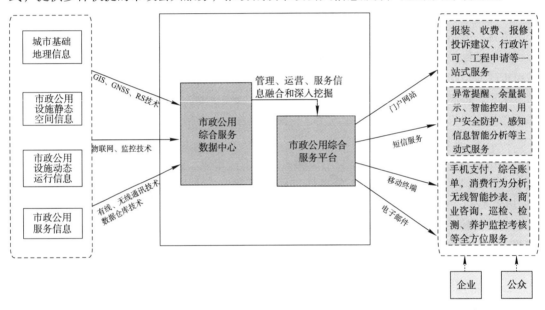

图 6-12 市政信息公众服务

市政服务综合数据中心：通过信息聚合形成多行业市政公用综合服务数据中心（供水服务综合数据中心、燃气服务综合数据中心、排水服务综合数据中心以及行业服务综合数据中心）。

市政服务综合服务平台：通过服务融合，形成多行业市政服务综合服务平台（供水服务综合服务平台、燃气服务综合服务平台、排水服务综合服务平台以及各个行业服务综合服务平台）。

市政公用服务：提供报装、收费、报修、投诉建议、行政许可、工程申请等基础服务，以及异常提醒（如用户用水量、用气量异常）、余量提示、智能控制（用户可通过远程控制水表、燃气表）、用户安全防护、感知信息智能分析、手机支付、综合账单等增值服务。

6.2.6 市政公用行业微观运营支撑系统

专项应用系统群，分别以各行业基础信息资源为核心，在安全、服务、管理和节能的管理理念下，形成各自有机完整的运行运营、客户服务、综合管理等体系。

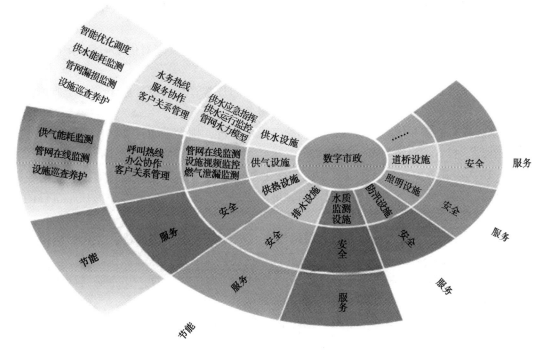

图 6-13 行业应用系统群

1. 供水运营与服务系统

以城镇基础地形图和供水管网数据为核心，集成统一管理调度、营业数据，实现供水信息全面、统一、动态管理，为供水系统的规划、设计、施工、运营、水质安全、评估提供可靠的依据和服务，提高供水企业的经济和社会效益。

供水运营与服务系统包括管网管理、营业管理、调度管理、事故处理、水力分析、信息发布、水质管理等模块。

1）管网管理：提供供水管网建库、更新、管理工具，实现供水管网及相关资料的建库、更新、可视化查询、统计以及输出、三维浏览等功能。

2）营业管理：读取营业系统的水表信息及用水量数据，并将信息与管网中的水表和水表群中的水表进行关联，对营业数据进行管理与分析。

3）调度管理：实时更新读取压力、流量等在线监测调度数据，并实现在管网图上调度数据的可视化管理。

4）事故处理：当供水管网突发爆管事故时，系统可及时进行分析并制定事故处理方案。用户只需指定事故发生处，系统就能够自动搜索出需要关闭的阀门、停水用户、停水区域，并制定出合理的处理方案，以便及时排除故障，减少损失。系统能自动生成阀门启闭通知单、现场维修图、用户停水通知单等协助抢修人员进行施工。

5）水质信息管理：实现对水质在线监测数据、水质超标数据、实验室检测数据、流动检测数据、水质合格率、水司水厂月报等各类水质信息的可视化管理、统计分析。

6）应急支持：提供案例、应急预案、专家、技术法规、物资等水质资源库管理以及饮用水水质突发事件处置的资源、过程、信息支持等。

7）水力分析：能够根据现有管网数据，提取管网简化模型，并计算出管网中管段的流量、流速、水头损失以及管点的压力，并可以利用 GIS 的直观可视化表达方式加以展现，进行管网的动态模拟。

8）信息发布：用户可以在任意一台可以上网的计算机上实现对供水信息的浏览。

2. 排水运营与服务系统

建立完整准确的排水数据库，为排水管理部门的日常管理、设计施工、内涝监测、内涝预警、管网养护等业务提供多层次信息综合服务。

排水运营与服务系统包括排水设施养护、排水分析、排水水力计算、排水户管理、排水事故处理、排水信息发布等功能模块。

1）排水设施养护：可以在排水设施地图上实时监控排水设施的运行情况，及时发现问题并可实时调度养护人员进行养护；同时可以完成对养护人员的管理和考核，事件的分析处理以及事件的结案。

2）排水分析：包括重现期分析、泵站停止（故障）影响范围分析、关阀影响范围分析、雨水管道排水区域分析、排水区域面积计算、超标排水户追踪等。

3）排水水力计算：对排水管道的水位、流量、流向进行计算，并能根据计算的结果在管网上动态模拟显示。

4）排水户管理：可以对排水用户的位置、名称、排水合同等信息进行统一管理，并进行浏览、查询、统计。

5）排水事故处理：当发生管道破损时，系统可自动搜索出需关闭泵站和需打开的溢水阀，并显示其位置和属性；显示影响区域及排水用户名单；打印输出事故处理抢修单、溢水阀卡片、泵站卡片。

6）内涝监测：在道路、排水管网等底图上可视化监测实时雨量信息、排水管网流量、泵站水位、河道水位等实时信息，实时掌握城镇排水系统运行情况。

7）内涝预警：根据预测的雨量信息，通过内涝监测预警模型，模拟城镇积水区域，得到城镇内涝高风险区域分布图，进行提前预警，为有针对性地制定排渍方案提供支持。

8）因素分析：对影响城镇内涝高风险区域进行全因素分析，综合分析暴雨强度、城镇地貌、地面高程、河道地形、排水管网等因素对内涝区域的影响，得出每个内涝高危区域的主要影响因素，指导排水系统的改造工作，降低城镇内涝发生的频率。

9）排水信息发布：通过网络发布排水管网信息，客户端通过浏览器可以直接访问排水管网系统的主页，浏览排水管网图形，按类型、区域、条件查询各种管网信息。

3. 燃气运营与服务系统

为用户提供全面、准确的燃气数据服务，实现燃气管理以及运营过程的自动化、信息化管理，降低燃气管网管理成本，保障燃气管网安全。

燃气运营与服务系统包括管网管理、事故处理、燃气信息发布、实时监控、监测预警、安全保障等功能模块。

1）管网管理：提供燃气管网建库、更新、管理的工具，实现燃气管网及相关资料的建库、更新、可视化查询、统计以及输出、三维浏览等功能。

2）事故处理：当发生中压爆管时，根据中压管网环通情况、管道气流方向和该段管线的口径作气压分析，按照先影响中低压调压器再影响低压管网的顺序进行拓扑分析，同时查找最近相关阀门，并输出关闭相关阀门时造成的停气或降压的影响范围和用户。当发生低压爆管时，可快速输出泄露点管道的信息，包括管道口径、材质、接口类型等，并查找受影响用户和影响范围。

3）实时监控，包括城镇级应用信息综合展示、采用软分屏多窗口同屏幕展示及信息汇总展示方案定制。以 GIS 地图为基础，综合汇总展示管网、SCADA、巡检等实时新消息，并且可查历史信息及对比显示。仿真展示主要应用与城镇级运营调度过程，根据管网压力、管网拓扑，示意展示管网燃气的流向。

4）监控预警。当某个区域发生燃气管道的爆管事件时，可以通过三种途径（客服报险、巡检人员发现、SCADA 系统监控异常）获取信息，然后信息传递到燃气企业、政府主管部门，供其了解最近的阀门位置，再通知抢修部门到哪个区域关闭哪个阀门，完成抢修任务。特别是在出现气源紧张或重大事故时，跨企业的调度和补给就变得格外的重要，从气源到关键设备、关键技能上，实现互通有无的调度。

5）安全保障。在 GIS 地图上实时展示巡检人员的实时位置和运动轨迹，展示爆管分析方案，显示关闭阀门和受影响用户；展示停气保供方案，即根据供气量缺口展示受影响用户、停气工商户、保障供气用户，可以用不同颜色高亮显示停气工商户、受影响用户、已保障用户等。

6）燃气管网信息发布：通过 Internet 或局域网发布燃气管网信息，浏览燃气管网图形，并按类型、区域、条件查询各种管件信息。

4. 供热运营与服务系统

在保障供热系统安全运行、平稳供热的前提下，进一步规范供热管理，节约能源和资源，减少污染物排放，维护供用热双方的合法权益，为广大市民提供优质服务，促进供热事业健康发展。

供热运营与服务系统可分为管网设施管理、分户计量和计费系统、室内温度检测、供热信息发布等功能模块。

1）管网信息管理：在 GIS 系统的基础上提供热力管网建库、更新、管理的工具，实现热力管网及相关资料的建库、更新、可视化查询、统计以及输出、三维浏览等功能。

2）分户计量和计费系统：通过在供热设备上安装热计量设备，实现对用热的分户计量，并通过物联网将具体用热量传输至供热中心。营销计费系统根据用户的具体用热情况进行计费。

3）室内温度检测：以物联网为基础，通过温度检测终端设备，24 小时检测室内的供热温度，并实时将数据传输至供热调度中心。供热调度中心根据温度变化曲线作出及时响应，及时调整检测所在区域的供热强度，并根据相应的数据作出管线设备是否出现故障的判断。

4）供热信息发布系统：通过热力公司的门户网站及时发布各类供热信息，方便市民对试压时间、供热时间、供热计费、设备检修以及暂停供热等信息进行查询，并及时答复市民的各种资讯和投诉。

5. 路灯信息管理系统

在建立路灯基础信息库的基础上，提供线路管理、设备管理、日常管理、运行三遥管理、规划管理、线路事故分析、配电设施数据辅助分析以及报表管理等功能，实现路灯管网管理规范化、自动化、科学化。

路灯管理系统包括路灯运行三遥管理、路灯报表、路灯线路事故分析、配电设施数据辅助分析、路灯 WEBGIS 等功能模块。

1) 路灯运行三遥管理：提供开关灯时间、各控制点的实时状态、路灯开关状况、统计分析路灯亮灯情况等三遥接口，可统计每月、每季度或全年的路灯运行情况。

2) 路灯报表：系统可采集多方数据进行综合处理，方便直观反映路灯管理部门的业绩情况，形成设施普查表、路灯概况表、灯型分类表、光源分类表、配电分类表、线路分类表等报表。

3) 路灯线路事故分析：根据用户指定的路灯线路事故，模拟其影响范围或用户，也可根据相线、零线电压、短路、电压下降等参数，判断回路中开关、刀闸、保险熔丝等工作是否异常，查找故障情况，判断故障影响范围。

4) 配电设施数据辅助分析：系统可以对配电设施数据进行采集、处理及专业分析，并根据分析结果判断设施运行是否正常、是否存在安全隐患或故障隐患以及一旦发生故障将会影响的用电范围和用户，并提供紧急预案方案。

5) 路灯 WEBGIS：用户可通过网页浏览器直接访问路灯地理信息系统的主页，浏览图形，按类型、区域、条件查询路灯及其他设备的信息，实施特定设备搜索，查看电缆回路或电线回路，并进行网上办公。

6. 道路桥梁管理系统

紧密结合道路桥梁业务流程，以城镇路网基础信息库、桥梁基础信息库、地形基础信息库为基础，提供工程评估、拆迁分析、历史数据管理、道路密度计算、工程控制与管理、道桥养护管理等工具，为市政道路与桥梁管理部门提供快速、准确的信息服务。

道路桥梁管理系统包括道路桥梁养护管理、拆迁分析、桥梁设施历史数据管理、道路密度计算等功能模块。

1) 道路桥梁养护管理：实现巡查记录、道路维修记录、热线服务记录的管理，可打印道路维修任务单，分派给道路维修单位，并根据要求生成道路维修卡片以及道路维修月报表。

2) 道路工程拆迁分析：确定房屋到道路中心线的距离、需要拆迁房屋的投影面积、层数以及判断房屋类型和不同类型房屋的拆迁单价，估算某一特定区域的拆迁经费。

3) 桥梁设施历史数据管理：能够方便查询工程的规模、结构、质量、进度、外部矛盾等历史信息，并用图示的方法在地图上显示桥梁设施各个历史时段的数据信息。

4) 道路密度计算：划定任意区域或者选定任意行政区域，系统根据道路的基本数据，自动计算出此区域的路网密度，为决策者提供辅助决策依据。

7. 公交管理地理信息系统

整合城镇的基础空间数据库和公交信息数据库，实现对基础地形图管理、线网查询统计、线路自动生成、运行状况分析、换乘方案分析、现状线网评估以及打印输出、信息发布等功能，为制定城镇交通发展战略提供公共交通信息服务。

公交管理地理信息系统包括公交线网管理、公交现状评估、公交换乘方案分析等功能模块。

1）公交线网管理：直观显示公交现状线网及相关站场的分布情况，直接查询浏览公交线路和站场的相关属性，统计一定范围内的线路长度和停靠站的数目；根据线路生成向导自动完成公交线路的生成，支持对公交线路的打印输出等。

2）公交现状评估：在城镇公交现状线网的基础上，结合公交线网分布的相关评估指标，对现状线网的合理性进行评估，包括线网密度、重复系数、场站建设指标、车辆进场率等指标评估。

3）公交换乘方案分析：根据换乘次数最少或最短路径原则，搜索出几种最优换乘方案，详细地给出步行距离与乘车距离，并能动画模拟显示出换乘方案。

8. 园林绿化地理信息系统

整合基础空间数据库和园林绿化信息数据库，全面管理社会绿化、古树名木、公园、风景名胜区等信息，实现录入编辑、查询统计、拆迁成本核算、工程管理、指标计算、养护管理等功能，提高园林服务水平和管理效率，改善城镇生态环境。

园林绿化地理信息系统包括园林绿化工程管理、拆迁分析、绿化养护规程管理、指标计算等功能模块。

1）园林绿化工程管理：将园林工程资料利用 GIS 手段进行管理，通过查询绿地或其他设施，统一调用其相关的工程资料如中远期规划、年度计划、在建已建规划工程等。

2）拆迁分析：根据实际拆迁的范围，从基础地形图上选择相应的封闭区域，自动计算该区域内影响实际建筑、绿化、道路等基础地形的实际拆迁面积，得到拆迁单位成本和总成本。

3）绿化养护规程管理：提供绿化养护规程库、病害规程库、虫害规程库的管理，并对日常养护过程及养护信息进行管理。

4）指标计算：针对绿化相关的系列宏观统计指标进行统计。

6.3 标准体系

数字市政工程是一个大型的复杂系统工程，涉及众多行业领域、业务单位。在贯彻国家、部、行业、地方有关标准的基础上，结合市政建设的实际情况，建立一套完善的数字市政标准化体系是构建数字市政的前提条件。

根据当前数字市政信息化系统建设的总体要求和项目建设的具体要求，有关标准体系的设计是项目建设的基础和必须先行的重要工作。近年来由国家标准化管理委员会、国务院信息化工作办公室等机构牵头，制定了一系列信息化方面的国家标准、行业标准和地方标准。但总体而言，相关标准和规范的针对性、实用性、完整性等方面还有待于进一步完善。以数字市政为例，目前还没有特别适用的规范体系可以直接遵循，因此需要特别针对数字市政信息化系统的要求和特点进行标准体系的设计。

数字市政的系统建设在参照国家、行业有关标准基础上，结合行业实际情况，积极构建数字市政建设的标准体系，从而保障市政管理的规范性以及各层级政府单位进行业务往来与数据共享的可行性。标准体系必须涵盖数据资源、信息安全、信息共享、系统应用、系统维护等方面。

6.3.1 建设原则及范围

1. 体系化原则

数字市政标准必须为一个完整的体系，用以指导数字市政信息系统的设计、开发、建设、维护、监管、评价等主要工作。

2. 差异化原则

制定数字市政首先要考虑国家已有的标准规范，如地理信息相关标准、现行的网络建设标准、系统集成标准、软件工程标准等国标、行标和地方标准。

3. "五统一"原则

遵循"统一指标体系、统一数据格式、统一分类编码、统一信息交换格式、统一名词术语"的"五统一"原则。

4. 唯一性原则

数字市政标准体系的建设就是要统一基本元素的术语定义、统一编码格式、统一信息交换格式，为信息交换、信息共享、信息检索奠定基础。

5. 环境适应性原则

为了适应不断变化的环境和不断变化的用户需求，要求数字市政的体系结构，包括网络结构、系统结构、信息编码结构、信息交换格式、信息接口格式等都是柔性的，具有良好的开放性和扩充性。

在以上原则的约束下，数字市政标准体系框架包括以下几个方面：总体标准、信息资源标准、信息共享标准、运行运营标准、项目管理标准和运行维护标准等。

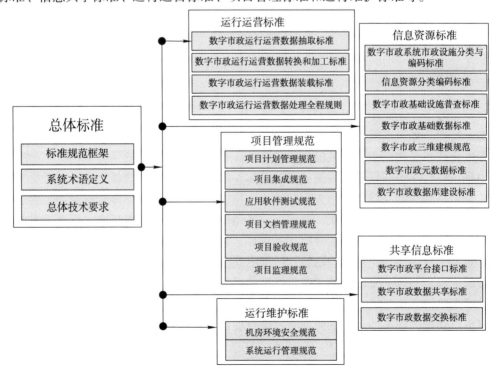

图 6-14　数字市政标准体系

总体标准是统领全局的标准，它指明系统整个标准体系的内容组成、结构、相互关系。

信息资源标准和信息共享标准分别从信息内容、信息交换两个方面提出，是信息交换和信息共享的基础。

运行运营标准着重于对各个行业数据抽取、装载、清理、刷新等，保障运行运营数据库建设。

项目管理标准着重从工程建设的组织和管理角度出发，保障项目的高质量、按进度完成建设任务。

6.3.2 总体标准

数字市政信息化的建设以数据为核心、以业务为主线，因此，建立科学、完整的数据规范是数字市政的核心内容之一。按照前述标准规范框架分类，基于数字市政标准体系的建设可分为两个部分：一部分是采标，即根据数字市政信息系统建设的需要，明确和执行可以遵循的国家和行业规范；另外就是定标，即制定修改本系统特别需要的标准规范，例如，项目管理规范等都需要根据市政系统开发建设和上线运行的不同需要，制定市政信息系统的标准。总体标准是整个数字市政标准的指导标准，它的主要作用在于指导数字市政标准体系的制定和应用，同时规范与标准制定和应用相关的概念。总体标准主要包括系统标准框架、系统术语、系统总体技术要求等内容。

需要强调的是，数字市政标准体系的制定是具有开创性的工作，因此，针对规范体系的设计特制定一个思路：紧密跟踪国内外的相关成果，深入调研实际需求和特点，广泛征求专家、学者、实际工作人员的意见和建议，通过反复讨论、修改完善的过程形成科学、实用的数字市政标准体系。规范体系的制定过程将严格遵循图 6-15 的思路进行。

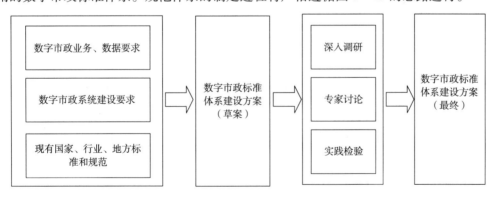

图 6-15 数字市政总体标准设计思路

6.3.3 信息资源标准

针对数字市政信息系统数据库的建设，需要建立的信息资源标准主要有市政公用基础设施分类与编码标准、信息资源分类编码标准、市政公用基础设施普查标准、市政基础数据标准、市政元数据标准、市政数据库建设标准等，这些标准是相互联系的一个整体。

1. 市政公用基础设施分类与编码标准

规定市政公用基础设施部件的分类、代码及图式符号，事件的分类、代码，市政公用基础设施部件和事件的数据要求以及专业部门的编码规则等。

以给水管网为例，其分类编码与属性结构应包含如下内容。

1）分类编码

给水管道可按给水的用途分为生活用水、生产用水和消防用水。

专题供水管线的分类和颜色分类　　　　　　　　　　　表6-1

管线分类				颜色	
大类		子类		名称	色号
供水	JS	上水	SS	天蓝	5
		配水	PS	橘黄	40
		循环水	XS	橙色	21
		消防水	XF	粉红	6
		绿化水	LH	绿色	3

供水管线分类编码　　　　　　　　　　　表6-2

名称	特征类型	编码	代码
上水管线	线	3000	SS
配水管线	线	3100	PS
循环水管线	线	3200	XS
专用消防水管线	线	3300	XF
绿化水管线	线	3400	LH
附属设施	点	3500	
检修井	点	3501	JJ
阀门井	点	3502	FMJ
水表（井）	点	3503	SB
排气阀（井）	点	3504	PSF
排污阀（井）	点	3505	PWF
消防栓	点	3506	XFS
阀门	点	3507	FM
水源井	点	3508	SY
水塔	点	3509	ST
水池	点	3510	SC
泵站	点	3511	BZ
进出水口	点	3512	JSK
沉淀池	点	3513	CD

2）属性结构

给水管点属性结构　　　　　　　　　　　　　表6-3

序号	字段名称	字段代码	字段类型	字段长度	小数位	是否必填	备注
1	测区编号	CQBH	字符	10		是	普查测区的编号
2	图上点号	TSDH	字符	6		是	管线点在1：500图幅上序号
3	物探号	WTH	字符	10		是	外业编号
4	管线点编号	BSM	字符	12		是	管线点编号，唯一的标识
5	分类代码	FLDM	字符	4		是	分类编码表中的特征编码
6	特征	TZ	字符	20		否	自由填写，可参照附录C特征列
7	附属物	FSW	字符	20		否	附属物名称，给水管线及其附属物的分类
8	型号	XH	字符	30		否	附属物型号
9	规格	GG	字符	30		否	附属物规格
10	材质	CZ	字符	30		否	附属物材质
11	X坐标	X	数字	11	3	是	单位m
12	Y坐标	Y	数字	11	3	是	单位m
13	地面高程	DMGC	数字	8	2	是	单位m
14	埋深	MS	数字	5	2	否	描述管线点顶部到地面投影的垂直距离
15	管顶高程	DINGGC	数字	8	2	否	单位m
16	管底高程	DIGC	数字	8	2	否	单位m
17	管径	GJ	字符	20		否	单位mm
18	压力	YL	数字	4	2	否	单位MPa
19	图幅号	TFH	字符	7		是	所在图幅的编号
20	道路编号	DLBH	字符	6		否	所在道路的编码
21	道路地址	DLDZ	字符	50		否	所在道路的地址描述
22	权属单位代码	QSDW	字符	10		是	权属单位代码
23	埋设方式	MSFS	字符	10		否	
24	埋设日期	MSRQ	日期			是	YYYY-MM-DD
25	备注	BZ	字符	100		否	备注

给水管线属性结构 表6-4

序号	字段名称	字段代码	字段类型	字段长度	小数位数	是否必填	备注
1	测区编号	CQBH	字符	10		是	普查测区编号
2	管段编号	BSM	字符	8		是	管段编号，唯一
3	起始点号	QSDH	字符	12		是	管段的起点，管点数据表中的管点编号
4	起点埋深	QDMS	数字	5	2	是	单位 m
5	终点点号	ZDDH	字符	12		是	终点管线点号
6	终点埋深	ZDMS	数字	5	2	是	单位 m
7	流向	LX	数字	1		是	1：由起点流向终点 -1：由终点流向起点
8	特征编码	TZBM	字符	4		否	给水管线及其附属物的分类编码中的管线编码
9	材质	CZ	字符	30		是	管段的材质
10	管径	GJ	字符	20		否	管径或断面尺寸，单位 mm
11	压力	YL	数字	4	2	否	单位 MPa
12	道路编号	DLBH	字符	6		否	所在的道路编码
13	埋设方式	MSFS	字符	8		否	埋设方式
14	埋设日期	MSRQ	日期			否	埋设日期
15	权属单位代码	QSDW	字符	10		是	权属单位代码
16	备注	BZ	字符	100		否	备注

2. 信息资源分类编码标准

包括信息资源的目录结构等内容。

3. 市政公用基础设施普查标准

标准的制定涉及市政管线探测的前期准备、管线探查、管线测量、管线图编绘、探测成果质量检查与验收的全程业务，为市政公用基础设施探查、测量、图件编绘和信息系统建设提供唯一性的技术要求。

4. 市政基础数据标准

数字市政基础数据标准是数字市政数据存储与组织的建库标准，是从数据的应用和共享角度出发来制订的。主要涉及基础数据的比例尺、坐标参照系统和高程坐标参照系统，基础地理数据内容和分类编码，基础数据的空间分层以及基础数据的属性数据结构等。

基础地形数据主要包括各种比例尺的基础地形图，这些数据表达了城镇的现状，能够为数字市政的其他信息提供基础的空间定位，是数字市政信息化系统应用的基础地理框架。矢量的地形图数据的标准主要为了达到数据能够顺利入库并符合数据库标准的目标，针对数据采集平台，制订一系列技术规范，约束采集方法，使得地形数据经过简单的数据转换就能够符合数据入库的标准。

1）空间要素分层

基础地理空间要素采用分层的方法进行组织管理。

层名称及各层要素   表6-5

序号	层名	层要素	几何特征	属性表名	是否必选	说明
1	定位基础	控制点	Point	CONPT	是	
		控制点注记	Annotation	CONAN	是	
2	境界与政区	政区	Polygon	BOUNT	是	
		政区界线	Line	BOULK	是	
		界标	Point	BOUPT	否	
		境界注记	Annotation	BOUAN	否	
3	居民地	居民地面	Polygon	RESPY	是	
		居民地线	Line	RESLK	是	
		居民地附属线	Line	RESAPPLK	否	看台、出入口、台阶和门廊等
		居民地点	Point	RESPT	否	
		居民地附属点	Point	RESAPPPT	否	不依比例的门墩、支架等
		居民地注记	Annotation	RESAN	否	
4	工矿设施	工矿面	Polygon	INDNT	是	
		工矿线	Line	INDLK	是	
		工矿点	Point	INDPT	是	
		工矿注记	Annotation	INDAN	否	
5	交通	铁路线	Line	RAILK	是	
		铁路附属线	Line	RAILAPPK	是	
		铁路附属物	Point	RAIPT	是	
		铁路注记	Annotation	RAIAN	否	
		道路中心线	Line	ROALK	是	
		道路附属线	Line	ROAAPPLK	否	
		道路附属点	Point	ROAAPPPT	否	
		道路辅助线	Line	ROAASSLK	是	
		道路注记	Annotation	ROAAN	否	
6	水系	面状水系	Polygon	HYDNT	是	
		线状水系	Line	HYDLK	是	
		水系附属线	Line	OTHHYDLK	否	
		水系附属点	Point	OTHHYDPT	否	
		海洋面	Polygon	OEANT	否	
		海洋线	Line	OEALK	否	
		水系注记	Annotation	HYDAN	否	
7	地貌	面状地貌	Polygon	TERNT	否	
		等高线	Line	TERLK	是	
		高程点	Point	TERPT	是	
		其他地貌线	Line	OTHTERLK	否	
		其他地貌点	Point	OTHTERPT	否	
		地貌注记	Annotation	TERAN	否	

续表

序号	层名	层要素	几何特征	属性表名	是否必选	说明
8	管线	管线	Line	PIPLK	是	
		管线附属线	Line	PIPAPPLK	否	
		管线附属物	Point	PIPPT	否	
		管线注记	Annotation	PIPAN	否	
9	植被	植被面	Polygon	VEGNT	否	
		植被线	Line	VEGLK	是	
		植被点	Point	VEGPT	是	
		植被注记	Annotation	VEGAN	否	
10	其他要素	其他要素面	Polygon	OTHNT	否	
		其他要素线	Line	OTHLK	否	
		其他要素注记	Annotation	OTHAN	否	

2）空间要素属性结构

居民地点属性结构　　　　　　　　　　　　　　　　　　　表6－6

序号	字段名称	字段代码	字段类型	字段长度	小数位数	值域	是否必填	备注
1	代码	CODE	字符	10			是	
2	名称	NAME	字符	32		非空	是	
3	类型	TYPE	字符	15		非空	否	
4	角度	ANGLE	数字	6	2		否	

道路中心线属性结构　　　　　　　　　　　　　　　　　　表6－7

序号	字段名称	字段代码	字段类型	字段长度	小数位数	是否必填	备注
1	代码	CODE	字符	10		是	
2	名称	NAME	字符	32		是	
3	通行方向	RDIR	字符	10		否	
4	长度	LENGTH	数字	10	2	是	
5	技术等级	TCLASS	字符	6		否	
6	起点	FNAME	字符	10		否	
7	终点	TNAME	字符	10		否	
8	道路编号	ROACODE	字符	6		否	
9	道路宽度	WIDTH	数字	6	2	否	
10	路面材料	MATIRAL	字符	10		否	

面状地貌属性结构　　　　　　　　　　　　　　　　　　　表6－8

序号	字段名称	字段代码	字段类型	字段长度	小数位数	是否必填	备注
1	代码	CODE	字符	10		是	

5. 市政元数据标准

以地理信息的实时性、精度、数据内容和属性、数据来源、价格、图层以及适用性等为考虑对象，定义说明地理信息和服务所需要的信息。标准提供覆盖范围、质量、空间、时间等数字标识。

6. 市政数据库建设标准

针对市政信息系统中地形、管线、DOM、运行运营数据建库进行规范和定义，包括各种数据的监理、检查、处理等过程定义。

6.3.4 共享信息标准

数字市政信息共享包括信息资源共享和信息语义共享两部分。信息资源共享标准主要包括元数据标准、市政公用基础设施分类与编码标准、信息资源分类编码标准等。信息语义共享标准主要包括元数据标准、信息资源分类编码标准、业务文档及建模标准等。

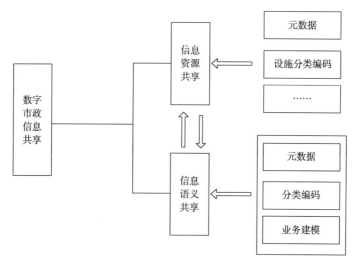

图 6-16 共享信息标准体系

1. 数据元

数据元是通过定义、标示、表示以及与须知等一系列属性描述的数据单元。在特定的语义环境中被认为是不可分割的最小的数据单元。

元数据标准分为三层：元数据元素、元数据实体和元数据子集。元数据元素是元数据的最基本的信息单元，元数据实体是同类元数据元素的集合，元数据子集是相互关联的元数据实体和元素的集合。在同一个子集中，实体可以有两类，即简单实体和复合实体。简单实体只包含元素，复合实体既包含简单实体又包含元素，同时复合实体与简单实体及构成这两种实体的元素之间具有继承关系。

2. 信息分类与编码

信息分类是根据信息内容的属性和特征，将信息按一定的原则和方法进行区分和归类，并建立起一定的分类体系和排列顺序。信息分类有两个要素：一是分类对象，二是分类的依据。分类对象由若干个被分类的实体组成。分类依据取决于分类对象的属性和特征。信息编码是将事物和概念赋予具有一定规律、易于计算机和人识别处理的符号，形成代码元素集合。代码元素集合中的代码元素就是赋予编码对象的符号。所有类型的信息都能够进行编码，如管线的长度、管点的数量等。

信息的分类与编码标准，适用于各种应用系统的开发、数据库系统的建设，以保证信息的唯一性及共享和交换。信息分类与编码主要应用包括：

1）用于信息系统的共享与互操作

统一的信息分类与编码有利于实现信息系统的共享和互操作。实现信息系统共享和互操作的前提和基础是各信息系统之间传输和交换的信息具有一致性，这种一致性是建立在各信息系统对每一个信息的名称、描述、分类和代码共同约定的基础上，信息分类编码标准作为信息交换和资源共享的统一语言，其使用不仅为信息系统间资源共享创造必要的条件，而且还使各类信息系统互通、互联、互操作成为可能。

2）统一的数据表示法

信息分类编码标准化是信息格式标准化的前提，通过统一数据的表示法，可以减少数据交换、转换所需的成本和时间，方便数据交换。

3）提高信息处理效率

信息分类和编码是提高劳动生产率和科学管理的重要方法。通过信息分类编码标准化，使对信息的命名、描述、分类编码达到统一，可以建立通用的数据字典，优化数据的组织结构，提供信息的有序化程度，降低数据的冗余度，从而提高信息的存储效率。

3. 业务建模标准

业务建模数据是数据标准化的第一阶段。业务建模和业务流程分析为数据规范化和文档规范化提供手段与素材，同时数据规范化和文档规范化的结果也可以用来完善业务建模和业务流程。

6.3.5 运行运营标准

数字市政监管平台构建的基础在于大量异构数据的处理和整合，数据的统一化和标准化非常重要。运行运营标准主要包含以下几部分：数字市政数据接口标准、数字市政数据交换标准、运行运营数据抽取标准、运行运营数据转换和加工标准、运行运营数据装载标准和运行运营数据处理全程序规则等。

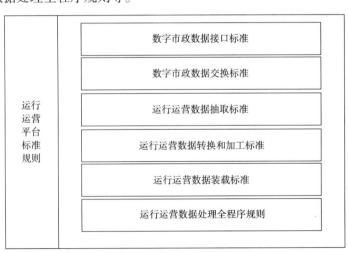

图 6-17 运行运营标准体系

1. 数字市政数据接口标准，主要是对各业务系统数据对接接口的要求和定义。

2. 运行运营数据抽取标准，主要是对各业务系统的多种运行运营数据抽取的要求和定义。

3. 运行运营数据转换和加工标准，主要是对各业务系统的多种运行运营数据转换和加工的要求和定义。

4. 运行运营数据装载标准，主要是对各业务系统的多种运行运营数据加载的要求和定义。

5. 运行运营数据处理规则，主要是数据处理过程中需要定义的各类规则。

6.3.6 项目管理标准

数字市政建设涉及多系统集成，同时总体设计、任务分解、系统集成、系统测试的工作量非常大，进度监督执行难度也大。项目监理按照国家的信息工程监理规范执行。项目管理需要制定相应的系统集成规范、系统测试规范、系统试运行与验收规范等项目管理标准，涵盖计划管理、配置管理、进度管理和软件开发规范等项目管理的核心内容。

1. 项目计划管理

通过项目评估、资料准备，确定项目的组织和范围，选定项目的生命周期，从而确定项目的环境、工作产品、风险以划分项目资源及安排项目进度，制订周会、里程碑会议以及其他相关约定，最后通过计划评审来保证计划的可实施性。

2. 项目配置管理

项目在策划阶段就建立项目的配置管理小组并明确人员的角色职责活动，把批准的控制项列表、需求、数据成果、质量控制设计方案、数据设计标准（如数据分层归类、数据结构等）、文档的版本和对于向客户交付的软件产品、指定的内部软件工作产品和指定在项目内部使用的支持工具等都纳入管理活动中，并建立项目的配置管理库系统，用来存储、管理所有软件工作产品和相关的项目管理记录，定期对配置管理活动的评审进行监管。

3. 项目进度管理

在项目进度的控制上，从软件估计、策划启动、制订项目计划、项目计划评审、项目计划实施和监督、项目计划的度量和修订等七个过程实现项目进度的控制。

4. 软件开发过程规范

软件开发包括产生、签订合同、需求分析、设计、编码、部署、运行、维护、升级的全过程。

6.4 关键技术

数字市政建设是城镇信息化的系统工程，既要抓好信息基础设施和空间数据基础设施，也要充分利用3S、虚拟现实、物联网和云计算等先进技术，提供更大的推动力，不断丰富"数字市政"的内涵，构建动态的生态数字市政系统。

6.4.1 3S技术

在城镇市政公用信息化建设中，各种规划设计、设施维护、事故抢修等市政管理业务绝大多数都和地理位置密切相关。作为空间信息获取、管理和分析处理的技术，地理信息系统（Geographic Information System，GIS）、遥感（Remote Sensing，RS）及全球导航卫星系统（Global Navigation Satellite System，GNSS）已成为市政管理的重要技术支撑。GIS、RS、GNSS技术简称3S技术，是结合空间技术、传感器技术、卫星定位与导航技术和计算机技术、通信技术，对空间信息进行采集、处理、管理、分析、表达、传播和应用的高度集成多学科的现代信息技术。

其中，GIS是集地理信息采集、存储管理、集成分析和可视化模拟等于一体，并提供地理决策服务的技术系统。它不但能分门别类、分级分层地去管理各种地理信息，而且还能将它们进行各种组合、分析、再组合、再分析等，并能提供查询、检索、修改、输出、更新等功能。地理信息系统提供的地图服务，能够清晰直观地表现出各种地理信息的规律和分析结果，同时还能在屏幕上动态监测地理信息的变化。通俗地讲，地理信息系统是信息的"大管家"，是城镇市政公用信息化建设的核心系统，在城镇市政公用信息化建设中起着"大脑"的作用。

RS是指从高空或外层空间接收来自地球表层各类地物的电磁波信息，通过对这些信息进行扫描、摄影、传输和处理，对地表各类地物和现象进行远距离探测和识别的现代综合技术，在城镇市政公用信息化建设过程中可用于海量空间数据的获取。

GNSS是具有海、陆、空全方位实时三维导航与定位能力的新一代卫星导航与定位系统，包含了美国的GPS、俄罗斯的GLONASS、欧盟的Galileo系统、中国的Compass（北斗），全部建成后可用的卫星数目达到100颗以上，能够快速、高效、准确地提供点、线、面要素的精确三维坐标以及其他相关信息，具有全天候、高精度、自动化、高效益等显著特点。在城镇市政公用信息化建设中，GNSS将提供精确的定位服务，与RS相得益彰，成为时空数据获取的重要手段。

3S集成技术是现代空间信息采集、处理最先进的技术，具有时代的特征。3S集成技术在数字市政中具有广泛的利用前景，几乎所有能进入数字市政的信息，都可以利用3S技术定位、定量以及分析和存储。通过它们获取的数据主要是地表对象的信息，市政的地下管线数据、地下资源数据收集，还需要其他技术补充。RS、GPS和地面测绘获取的空间数据，利用GIS的技术对海量空间数据进行加工、处理、集成，才能成为完整、准确的市政空间数据，并为数字市政提供数据保障。随着3S技术的不断发展，将GIS、RS、GNSS紧密结合起来的"3S"一体化技术已显示出更为广阔的应用前景，在城镇市政公用信息化建设中已展现出强大的威力，可实现对各种空间信息和环境信息的快速、机动、准确、可靠的收集、处理、展示、更新。

6.4.2 虚拟现实技术

在城镇市政公用信息化建设中，逼真的三维展示有助于更加直观、逼真地进行决策与规划。目前的三维可视化功能，仍属于"外观察"方式，人的观察空间与三维图形空间并不合一，只是停留于二维浏览方式，其真实感和互动操作的局限使地理信息的显示和观察较为欠缺，虚拟现实技术的出现弥补了现有三维可视化方面的不足，有助于城镇市政规划的虚拟表达。

虚拟现实技术（Virtual Reality，简称VR），又称灵境技术，是以沉浸性、交互性和构想性为基本特征的计算机高级人机界面。它综合利用了计算机图形学、仿真技术、多媒体技术、人工智能技术、计算机网络技术、并行处理技术和多传感器技术，模拟人的视觉、听觉、触觉等感觉器官功能，使人能够沉浸在计算机生成的虚拟境界中，并能够通过语言、手势等自然的方式与之进行实时交互，创建一种适人化的多维信息空间，具有广阔的应用前景。

一般来说，一个完整的虚拟现实系统由虚拟环境，以高性能计算机为核心的虚拟环境处理器，以头盔显示器为核心的视觉系统，以语音识别、声音合成与声音定位为核心的听觉系统，以方位跟踪器、数据手套和数据衣为主体的身体方位姿态跟踪设备，以及味觉、嗅觉、触觉与力反馈系统等功能单元构成。

6.4.3 云计算

2006年8月9日，Google首席执行官埃里克·施密特在搜索引擎大会首次提出"云计算"（Cloud Computing）的概念。云计算是基于互联网的相关服务的增加、使用和交付模式，通常涉及通过互联网来提供动态易扩展且经常是虚拟化的资源。云是网络、互联网的一种比喻说法。过去在图中往往用云来表示电信网，后来也用来表示互联网和底层基础设施的抽象。狭义云计算是指IT基础设施的交付和使用模式，指通过网络以按需、易扩展的方式获得所需资源；广义云计算是指服务的交付和使用模式，指通过网络以按需、易扩展的方式获得所需服务。这种服务可以是IT和软件、互联网相关，也可是其他服务。它意味着计算能力，也可作为一种商品通过互联网进行流通。

云计算是继20世纪80年代大型计算机到客户端—服务器的大转变之后的又一种巨变。云计算是网格计算（Grid Computing）、分布式计算（Distributed Computing）、并行计算（Parallel Computing）、效用计算（Utility Computing）、网络存储（Network Storage Technologies）、虚拟化（Virtualization）、负载均衡（Load Balance）等传统计算机和网络技术发展融合的产物。云计算包括以下几个层次的服务：基础设施即服务（IaaS）、平台即服务（PaaS）和软件即服务（SaaS）。

城镇市政公用信息化建设涉及的数据来自于不同时期、不同部门、不同项目，具有多专题、多尺度、多维、异构、海量的特点，随着这些信息的爆炸式增长以及各种信息共享服务需求越来越多，现有传统网络环境的城镇市政信息服务平台的缺点越来越突出，例如现有的海量分布式的城镇市政信息存储、管理技术无法满足日益增长的城镇市政信息服务需求；现有城镇市政信息服务的基础设施构架无法满足高可靠性、高扩展性的需求；现有城镇市政信息服务水平较低，除常用的数据服务外，无法开展深层次的分布式计算和专业应用服务，不能够提供按需服务和进行服务质量评价。云计算技术的出现将有效缓解以上问题。云计算的超大规模、虚拟化、高可扩展性、高可用性以及按需服务的特点与建设数字市政的需求和目标不谋而合。

1. 有利于数字市政的普及发展

在传统市政中，应用系统的通信和发布采用的一般都是专用系统，成本较高，影响了智能系统的普及。采用云计算技术以后，对于一些缺乏资金的中小城镇而言，只需要租用相应的服务，而不是单独购买硬件和软件设施。这样就节省许多购买软硬件的资金，大大降低了智能系统的门槛，有利于智能系统的普及。

2. 实现开放创新效应

目前的数字市政应用一般都是采用专用的设备，构筑在专用的系统上，信息的发布多采用单向传播，缺乏互动性。采用云计算技术以后，系统可以通过互联网提供服务。不仅仅是向市政管理部门提供服务，也可以向社会公众提供服务，从而使数字市政从相对封闭变成开放，有利于社会和经济的发展。

3. 丰富平台应用和服务功能

云计算使数字市政的建设过程从"服务决定信息"转变为"在信息融合的基础上创新服务"。平台的开放性使得更多的使用者可以参与数字市政的建设，扩大了信息的来源。通过使用云计算服务将各类信息构建在统一的平台之上，充分共享、融合、加工以后，可创新出更丰富的数字市政的具体应用，例如用户行为模式的预测等。

6.4.4 物联网

物联网技术的核心和基础仍然是"互联网技术"，是在互联网技术基础上延伸和扩展的一种网络技术；其用户端延伸和扩展到了任何物品和物品之间的信息交换和通信。因此，物联网技术的定义是：通过射频识别（RFID）、红外感应器、全球定位系统、激光扫描器等信息传感设备，按约定的协议，将任何物品与互联网相连接，进行信息交换和通信，以实现智能化识别、定位、追踪、监控和管理的一种网络技术。物联网的产业链可细分为标识、感知、信息传送和数据处理这4个环节，其中的核心技术主要包括射频识别技术、传感技术、网络与通信技术以及数据的挖掘与融合技术等。

在城镇市政公用信息化建设中，可以通过数采仪、无线网络等在线监测设备实时感知城镇市政系统的运行状态，并且采用可视化的方式有机整合城镇市政管理部门与城镇市政公用基础设施，形成城镇市政"物联网"，并可将及时采集到的各种城镇市政信息进行及时分析与处理，并作出相应的处理结果与辅助决策建议。

2009年8月7日，国务院总理温家宝考察无锡时提出，加快传感网产业发展，在无锡建设"感知中国"中心。物联网被提升到国家战略高度后，全国各城镇"物联网热"如火如荼。而数字市政公用行业所涉及的各领域——供水、排水、供气、供暖、路灯先天就是物联网的优质试验田，几乎可以满足物联网所赖以支撑的所有要素——感知、识别、传输、分析、决策。将数字市政和物联网进行结合，可以极大提高物联网的实际应用价值，加速物联网"着陆"的进程，打造出物联网的典型行业应用。

数字市政物联网应用的前景规划是扩大传感网络的覆盖对象与范围。大到变压器、箱变、城镇照明景观，小到地下管网的一个接头、一盏路灯灯泡、一个窨井盖、一个深夜出入在偏僻区域的人，都可以通过软硬件技术，对这些监控对象的当前状态进行侦测并作出判断，大幅度提升行业管理水平。各个城镇现有的通信系统种类繁多，存在不少重复建设、利用率不均衡等多种问题，需要把现有的无线通信网络与有线光纤网络、公用通信网络与专用通信网络，整合到市政物联网中，为感知市政服务，提供合理、有效、便捷的通信平台，这是实现物联网的前提基础。同时，通信协议与标准的统一整合也是实现物联网的关键环节。

基于物联网可以构建更加丰富的数字市政系统，典型应用包括：

1. 设施运行运营监控预警

在设施的重要节点布设各类在线监测传感设备，将路灯管线的电流、电压、功率，排水管道的水压、流量，供热管道的气压、流量、温度、供水回水等监测数据实时传输到数据中心，并在地理信息系统平台中动态显示。当在线监测数据出现异常时，系统按照设定的告警机制，动态预警并及时采取应急预案，提升城镇建设管理的精细化水平。

2. 基于视频识别、市政物联网的综合防盗网络技术

基于 3G 无线网络或光纤网络，运用低照度摄像技术和先进的视频识别软件，对重点区域与路段进行视频巡检，发现可疑人员有指定违法行为，可现场自动警示、录像并通知值班人员。同时，随着物联网技术逐步应用，各种市政公用基础设施均可利用物联网实现实时监控管理。

3. 桥梁监控与管理技术

桥梁健康监测包括桥梁各种状态参数，如应变、压力、结构温度、空气噪声、振动、位移、挠度、拉索张力等。这些信息将被送到桥梁运营监理部门，构成桥梁监控管理系统的数据基础。桥梁监控与管理系统是一个集运营管理系统、安全监视系统、健康监控体检系统于一体的综合业务信息收发平台。

4. 基于线路智能稳压的节能技术

智能节电器技术已经广泛应用，降压节能的幅度直接决定了实际光照度与光源工作状态。在实时掌握每个光源的工作状态的基础上，可以更为精确地控制照明功率，真正实现按需照明。在国内许多已建的智能照明系统中，实现了节电技术与监控技术的整合，达到"管理节能"与"技术节能"的科学平衡，有效避免了"盲目节能"、"节能不节费"的情况发生。

5. 电子条形码与电子标签 RFID 技术

条形码与电子标签 RFID 技术已经广泛应用于日常生活以及交通、安防等领域，在市政管理中，通过此项技术与物联网的结合，可以有效监测各细小物件的位置变化，实现对以前无法触及的细小环节的有效管理。作为城镇市政的基础单元，灯杆、井盖分布于全市各个角落，每个灯杆、井盖的编号与条形码或电子标签 RFID 的结合，精确管理与定位，实现对市政公用基础设施使用的全程跟踪，极大提高城镇市政公用基础设施的管理效率与动态调度管理能力。

第四篇
数字市政的探索与实践

近年来随着 3S 技术、物联网技术、网络技术的不断提高，市政公用基础设施的不断完善，政府工作方式转变，数字市政已经不再是理论上的概念，而是在很多城市如火如荼的开展起来。目前，全国有 80% 以上的副省级城镇已开展数字城市建设。它们的建设经验为我国数字市政行业探索提供了宝贵的现实依据。

第7章 数字市政市级应用示范

为加强行业安全管理,建立长效设施运行运营监管机制,北京、上海、济南、长春、广州、常州等城市先后开展了数字市政工程建设。通过科学实施和长期实践,已经形成了一些较为完善的市政信息化系统,提高了市政公用行业管理水平、服务质量与决策能力。

7.1 济南市数字市政工程

7.1.1 项目背景

济南市市政公用事业局(以下简称市政公用局),担负着济南市城市市政公用基础设施建设、管理和市政公用行业监管职能,承担着道路、桥梁、路灯、排水、防汛、污水处理、供水、节水、供气、供热等公共服务任务。

济南市市政公用局自 2010 年 3 月开始,全面启动数字市政工程建设。重点开展市政公用数字化指挥调度中心,市政公用基础设施资源管理、安全、服务等相关信息系统建设,涉及城市供水、供气、供热、排水、路灯等八大业务板块,覆盖市政公用局和各下属单位。

7.1.2 工程概况

济南数字市政采用"市政公用行业一体化"设计思想和"自顶向下"的设计方法,实现市政公用地上、地下基础设施的数字化和智能化管理,将市政公用相关水、气、暖等各个不同行业的基础设施、安全生产、监测信息、指挥调度、客户服务等通过数字化手段紧密连接到一个统一和标准的平台上,实现数据、业务、应急、调度、决策、分析、服务等不同层面信息的一体化共享、交互和集成式管理,以最小的资金投入和最高效的信息共享机制,以安全为前提,实现全市市政各行业的统一管理、调度和服务。

同时,基于物联网技术,采用科技创新手段对市政各行业设施运行进行实时监测和监控,并将分布在各专项业务系统的独立运行运营的业务数据按照统一的数据标准和业务流程规则,集成汇总到统一的中央数据仓库中,有效管理并动态集成城市市政运行运营数据,为市政全行业管理和规划提供决策依据。

7.1.3 设计思想

济南数字市政采用了系统一体化设计(系统整体化设计)。在系统一体化思想指导下,系统既能够在前端满足行业应用和统一监管的需求,也能有效地实现后台一体化管理,系统标准化程度较高。具体说来,数字市政建设的一体化设计思想包括以下两点:

1. 建立一个覆盖全济南的合理、开放和基于标准的资源基础数据管理平台,该平台主要包括:基础地形数据库、市政公用基础设施数据库和专题数据库等。

2. 提供全行业的业务协同服务、应用整合和信息交换服务、信息共享服务等，逐步完善和覆盖所有业务领域。可以根据业务需求选择和组合相应业务系统，在统一的数字市政平台上构筑全行业的一体化网络应用系统，从而达到后台一体化管理、前端个性化处理、单点登录、全网通行、一次退出的效果。

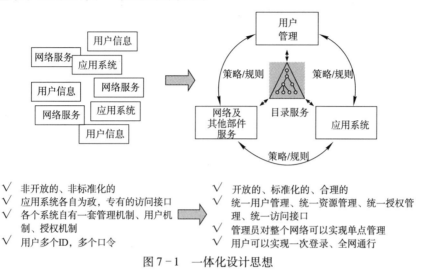

图 7-1　一体化设计思想

7.1.4　总体框架

根据济南市市政公用事业局的业务现状，从实际需求出发，数字市政总体框架如图 7-2 所示：

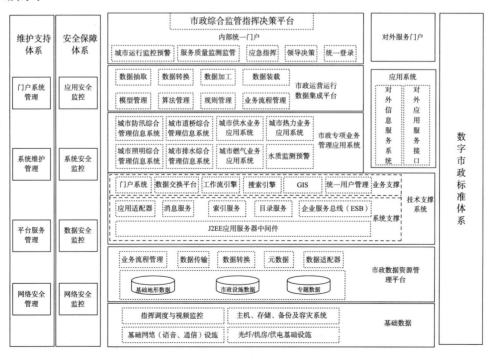

图 7-2　数字市政总体框架

数字市政总体上包括：

一个标准体系：数字市政标准体系

三个平台：市政资源基础数据管理平台

市政运行运营数据集成平台

市政综合监管指挥决策平台

一个市政专项业务管理应用系统群：

城市防汛综合管理信息系统

城市照明综合管理信息系统

城市道桥综合管理信息系统

城市排水综合管理信息系统

数字供水业务应用系统

数字燃气业务应用系统

数字热力业务应用系统

水质监测业务应用系统

7.1.5 建设目标

数字市政建设的总体目标是：

1. 提升市政公用事业局安全管理、应急指挥能力

通过建设综合监督指挥平台，局领导和行业管理处室可以实时管理行业、下属单位运行信息，发现安全隐患，做到事前排查，尽量防止安全事故的发生；通过建设应急指挥调度中心，可以在事故发生时，通过 GIS 分析工具、完备的预案管理体系、先进的指挥调度手段实现有序科学的应急处理，将事故的损失降到最低。

2. 大幅度提高公用事业局的综合监管能力

通过建设综合监督平台，整合视频监控系统、SCADA 监控系统等，实现对业务、行业信息、客户信息的全方位管理，提高局级领导和业务处室对下属单位、企业运行运营的信息化管理。

利用先进的物联网技术、GIS 技术、虚拟现实技术、数据仓库、智能分析等技术，对相关系统的数据进行信息化处理和利用，为实现市政公用综合监管提供数据支持，实现对市政公用事业的科学准确的监督管理。

3. 市政公用服务水平迈上新的台阶

通过整合客户服务热线，建立统一数字市政平台，增强行业服务水平，增强城市安全和保障能力，促进市政公用事业管理手段的不断创新，实现经济社会的优质运行，市政公用服务水平迈上新的台阶。

4. 全面提升市政公用行业信息化水平

通过对燃气、照明、供热的地下管线普查，路灯、防汛、排水、道路、桥梁等地上市政公用基础设施的普查，完成对济南市市政公用行业的家底排查，完成对市政资源基础数据的整理、建库；建立统一的资源基础数据管理平台，完成市政资源基础数据的交换和共享，避免重复建设，实现对全行业基础数据的管理；通过建设行业业务应用系统群，全面提升市政公用全行业信息化水平。

7.1.6 建设内容

数字市政建设内容概括起来为"118 工程",即建设一个市政公用数字化指挥调度中心、一个资源管理平台和八大业务应用系统。

图 7-3 济南市数字市政工程建设内容

1. 资源管理平台

济南市于 2010 年初启动了数字市政地下管线和地上市政公用基础设施的物探和普查工作。目前,已经完成了 8132 里的供水、燃气、排水、供热等各类地下管线、489 座桥梁及 80000 盏路灯的数据普查和入库,覆盖了中心城区二环路以内燃气站、加压站、中水站、泵站等市政公用基础设施。

建设统一的市政基础资源管理平台为各项业务系统提供具有时空特性的二维、三维、影像数据及地理编码、空间处理服务功能支撑。局中心通过动态更新的方式,将所有的基础设施数据纳入统一的集成管理平台,实现各业务设施数据的综合应用、最大化的资源利用和服务共享。

市政公用局下属各单位根据各自管理数据需求和业务特点,建设供水管网管理系统、供气管网管理系统、供热管网管理系统、排水管网管理系统、照明设施管理系统、道桥设施管理系统,作为日常管理、运行维护工具,为设施的规划、设计、建设、养护、应急抢险和辅助决策等全生命周期管理提供支持。阶段性应用功能如下:

(1) 市政公用基础设施规划和设计阶段应用

系统提供辅助场站点选址、管线断面分析、设施服务范围分析和拆迁分析等。

(2) 市政公用基础设施建设阶段应用

系统提供连通分析、碰撞分析、覆土分析、净距分析和最短路径分析等分析功能。

(3) 市政公用基础设施养护阶段应用

提供市政管道材质、管径、老化程度、淤积深度等分析功能,方便查询相应管道数据，指导市政管道养护工作。

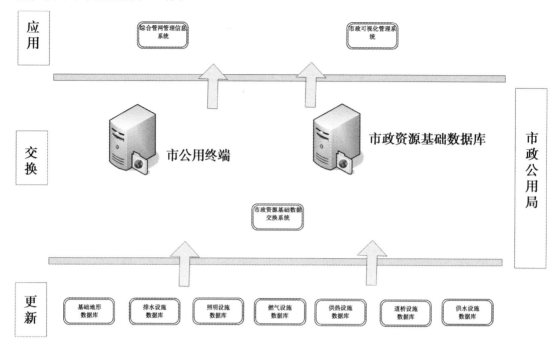

图 7-4　资源管理平台框架图

（4）市政应急抢险阶段应用

提供辅助决策支持，提供属性查询、管网统计、火灾分析、爆管分析、关阀分析等功能，在二、三维系统上快速搜索事故周边设施及需关闭的设施，为现场指挥提供决策支持。

在各种资源管理中，以实现信息资源规划相关标准的管理、元数据管理、数据交换管理等功能作为重点，这是顺利建设"数字市政"的前提和保证。资源管理平台是为信息资源规划提供辅助功能，并方便普通用户使用、维护规划的成果、数据的工具平台。在济南市"数字市政"的实施过程中，资源管理平台主要围绕以下三个功能展开。

1）数据管理平台

（1）数据转换

数据转换是从数据库、文件等多种数据源中自动抽取数据特征信息，形成符合本项目地理信息数据标准和数据内容及代码的数据记录。

（2）数据标准检查

进行数据完整和标准一致性检查。数据完成性检查的主要目的是保证所有必填项数据实体和数据元素已经被赋值；标准一致性检查的主要目的是保证已经赋值的数据实体和数据元素的取值符合基础信息库数据标准。

（3）数据逻辑分析和处理

数据标准逻辑分析和处理功能是指数据管理功能模块能够对注册到系统中的数据标准文档进行逻辑分析，从而确定数据内容的具体结构，获得元素之间的制约关系、值域等处理逻辑。

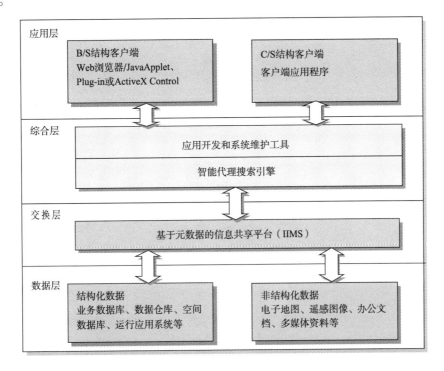

图 7-5 资源管理平台的数据架构

(4) 数据完整性检查

为了保证数据的完整性,系统还提供数据完整性检查功能。该功能可以在输出文档之前对各个数据元素的组织关系、元素内容的完整性加以检查,发现编辑过程中可能遗留的问题,并提示用户加以修正。通过完整性检查的数据必须严格符合相应数据内同标准所作的规定。

(5) 时空数据的建立

根据数字市政工程的系统功能要求,需要建立各类与之相适应的数据库。建立四类数据库:原始库、变更库、现状库、历史库。其中原始库是存储每次入库的管线成果表的数据,即为最原始的数据存档;变更库是存储经过校验后的数据;现状库主要是由于现状数据使用频繁,为了方便现状数据的管理、查询统计、空间分析、工程综合等功能而建立;历史库是每次修测后备份的历史数据,其目的是实现管线数据的历史回溯。

时态空间数据和属性数据有机结合是建立数字市政工程系统时空数据库的关键,其中每个库都结合了数字市政的时空数据和属性数据。为了实现 4 个数据库的关联,根据数字市政各行业的具体情况,建立运营关键参数表,由空间数据主键字段、属性数据主键字段以及时态数据主键字段组成。各行业设施运行运营关键参数,如表 7-1 所示。

数字市政运营关键参数 表 7-1

行业	设施/类别	参数
水质监测	水厂	常规 5 参数
		CODMn
		叶绿素
		综合毒性
		总磷总氮
		TOC
		在线藻类
		在线石油
		在线毒性
		进/出水余氯
		浊度
		pH
		BOD
		COD
		NO_3/N
		NO_2/N
		安防监控
		总大肠菌群
		菌落总数
		色度（铂钴色度）
		臭和味
		耗氧量
	水源地	同上
	管网	同上
	二次供水设施	同上
供水	出厂	进/出口压力
		进/出口瞬时流量
		进/出口累计流量
		水池水位
		安防监控
	加压站	同上
	水源地	水库水位、库容
		进/出口压力
		进/出口瞬时流量
		进/出口累计流量
	管网	管网压力
		瞬时流量
		累计流量
	二次供水设施	进/出口压力
		进/出口瞬时流量
		进/出口累计流量
		水池水位

续表

行业	设施/类别	参数
燃气	管网	管网末端最低压力点。
	燃气连接点	连接点压力
		连接点瞬时流量
		连接点累计流量
	门站	计划分配量（门站、计量站）
	计量站	进/出口压力（门站、计量站）
	CNG	瞬时流量（门站、计量站）
		累计流量（门站、计量站）
		门站加臭量
		管网末端臭气含量
		CNG 进网压力
		CNG 进网瞬时流量
		CNG 进网累计流量
		安防监控
	调压站	进出口压力
		调压站温度（室内）
		调压站燃气温度
		区域调压站泄露浓度
		安防监控
	重点工商用户	燃气进/出口压力
		瞬时流量
		累计流量
		视频数据
	人工气储配站	出站压力
		瞬时流量
		累计流量
	地下监测点	燃气泄漏浓度（地下泄流监测点）
供热	热源	供/回水压力
		供/回水温度
		供/回水流量
		瞬时供热量
		补水流量
		累计供热量
	蒸汽热源	蒸汽出口（压力、温度、流量）
		瞬时供热量
		累计供热量

续表

行业	设施/类别	参数
	换热站	一次供/回水（压力、温度）
		二次供/回水（压力、温度）
		瞬时供热量
		累计供热量
		补水流量
		补水箱水位
	蒸汽换热站	二次供/回水（压力、温度）
		蒸汽（压力、温度）
		瞬时供热量
		累计供热量
		补水流量
		补水箱水位
	加压站	进/出口压力
		瞬时流量
排水	河道	水位
		流速
		瞬时流量
		累计流量
		视频数据
	中水站（含社会中水站）	进出水位
		水质
		瞬时流量
		累计流量
		视频数据
	管网重要节点	水位
		流速
		瞬时流量
		累计流量
	雨水泵站	水位
		泵站的运行状态
		瞬时排水量
		累计排水量
		视频数据
	雨水泵房	水位
		运行状态
		瞬时排水量
		累计排水量
		视频数据
	污水泵站	同上
	污水处理厂	进/出水的水位
		水质
		瞬时流量
		累计流量
		视频数据

续表

行业	设施/类别	参数
防汛	主要道路	水深
		行洪流速
		水位
	河道	水位
		流速
		流量等水文信息
	低洼地区	积水深度
		淹没面积
		水位
	市区南部	汇水面积
		流量
		流速
照明	遥控	开/关数据，开关灯时间、控制站点数
	遥测	各变压器区域电流
		电压
		功率因素
		接触器状态
	单灯	电流、电压、开关状态
	遥信	检测参数
	遥视	视频图像
	遥调	报警值
		开/关灯时间
		照度
		供电方式
		巡测周期
	实时照度	照度值
道桥	环境监测	环境温度
		湿度
		风力
		风向
		风速
		日照
	几何监测	桥梁各部位的静态位置和静态位移
	荷载监测	风载
		地震荷载
		交通荷载
	结构静、动力反应（效应）的监测	结构的静动力变形及转角、支座和伸缩缝的静动力相对位移历史
		结构的静动力应变和应力，与数据处理系统连接后可得到构件疲劳应力谱
		斜拉索索力
		结构在动载作用下的位移、速度及加速度反应谱
其他	……	……

2) 数据交换平台

数据交换实现和保障"数字市政"共享数据仓库之间、数字市政系统各框架之间的数据交换与共享功能，以及各行业应用系统之间的共享和交换。数据交换利用面向服务的思想进行构建，基于统一的信息接口标准和数据交换协议进行数据封装，利用消息传递机制实现信息的沟通，实现基础数据、业务数据的数据交换以及控制命令的传递，从而实现济南市"数字市政"平台与各级数字化应用平台之间的系统集成业务协同。

（1）对于数字市政的现有系统以及新增加的系统，通过在数据交换节点上配置数据交换适配器，可以方便地将其封装成标准的接口，以便接入交换平台并提供一致的访问行为和接口。

（2）整个数据交换和共享的底层实现和存储对各个应用系统是透明的，很容易进行层次化的结构扩展。

（3）数据交换平台提供数据交换过程的系统配置、安全监控警告和异常处理等功能，主要完成接口、管理配置、监控管理等功能。

（4）数据支持以 XML 格式在交换节点之间采用端对端（P2P）对等方式直接交换，数据路由可根据数据内容自动分发，而且支持动态灵活连接和构建新的业务系统。

3）数据存储分析平台

数据存储分析平台主要是对从数据源采集的数据进行整理、加载和存储，构建数据仓库，并针对不同的分析主题进行分析应用，辅助政务决策工作。

（1）数据抽取

根据设定从数据源上的制定数据表上提取数据，形成可供后续处理的数据记录集。

（2）数据转换

根据设定对输入的数据记录集上的数据记录进行字段数据格式转换、字段内容函数转换，采用信息代码填写的字段进行标准代码转换、字段合并与拆分等数据转换处理，并输出经过转换后的数据集。

（3）数据清洗

根据设定的数据清洗规则对输入的数据记录集进行检验，将检验出的不符合规则的、存在严重问题的数据记录的有关信息记载到问题的数据库中。

（4）数据整合

数据仓库中的不同数据存在一定的关系。数据整合过程就是查找数据间关联关系并记录关联信息的过程，也是按照相关业务信息要素模型进行要素信息更新及维护关联关系的过程。

（5）数据加载

根据设定，将输入的经过处理的数据记录集上的数据加载保存在指定的数据库中。

（6）数据异常处理

对出现异常的数据统一记录到问题数据库中，记录信息包括数据类别、名称内容、异常描述、处理措施、处理状态等。

（7）调度与日志监控

对信息资源的整个抽取、清洗、转换、加载等完成过程的运行情况进行监控，提供各数据处理环节的运行状态、数据处理等监控，并在监测过程中发现异常状态，给出报警信息。

2. 数字化指挥调度中心

数字化指挥调度中心作为数字市政核心枢纽,包括中心软硬件环境和中心管理平台建设。中心主要功能是作为数字市政的网络中心、数据集成和指挥调度中心。

网络中心将市政公用局、八个行业指挥调度分中心连接为一个网络,互联互通,实现资源共享和可视会商。

数据集成中心旨在运用地理信息系统、分布式数据库等技术,实时采集八大行业近 500 个指标项,将分布在各专项业务系统中的独立运行运营的业务数据按照统一的数据标准,集成汇总到市政公用局统一数据仓库中,实现市政公用行业数据的管理和共享机制、数据动态更新和现势性、基础数据与业务数据的有效集成,构筑一个可应用于相关政府部门和企业的数据集成平台,有效管理并动态集成城市市政运行运营业务数据。

指挥调度中心集监控、应急、管理、决策、指挥、服务等功能为一体,主要包括市政运行监控预警、服务质量监测监管、应急指挥调度、业务决策支持四大系统。在资源基础数据管理平台和市政运行运营数据集成平台的基础上,通过对全局数据的挖掘和分析,在统一的运行监督平台上集中展现当前全局系统运行情况,全面监管、调度全局运行状态。

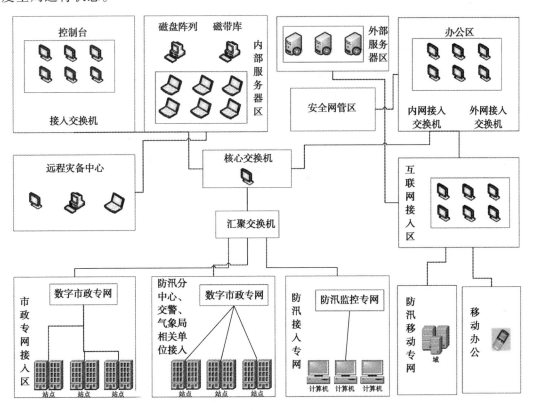

图 7-6 网络系统结构图

数字化指挥调度中心的主要有 4 个功能:运行监测预警、服务质量监测、应急指挥调度、领导辅助决策。

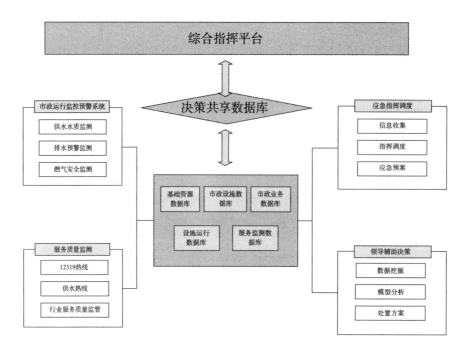

图 7-7　数字市政综合指挥平台

1）市政运行监控预警系统

市政运行监控预警系统具有动态监测、周期报表、区域报表、横向比较、纵向比较等功能，可对市政公用各行业，包括防汛、供水、供气、供热、排水、照明、道桥等进行严密、动态的实时监控，出现异常状况自动报警，防范事故灾害。

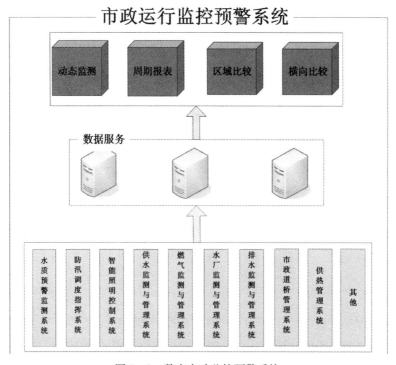

图 7-8　数字市政监控预警系统

通过各行业监控报警功能，可以对市政公用各行业进行严密、动态的实时监控，对异常状况自动报警，防范事故灾害。通过行业报警模块可以查看报警事项，定位报警地点，查看报警事项详细情况。

（1）供水水质监功能：建设多层次网络化在线预警监控平台，涵盖水源水、出厂水和管网水水质预警监测，提升政府监管部门对突发性水质污染事件的预警预报和应急处理能力；

（2）排水预警监测功能：通过多级的在线排水淤积监测平台，实时监测排水管道内的泥沙、杂物淤积情况，对管道的过水能力进行综合监测预警，加强对城市排水设施安全运行和防汛排涝、污水处理的监管。已建成 8 个中水站在线监测系统、部署 30 多个管网监测点，可对排水管网的液位、流速、流量进行实时监测；

（3）数字道桥监测功能：实现桥梁管理、视频监控和桥梁健康监测等功能，感知市政道桥状态，有效预防桥梁安全事故的发生；

（4）燃气安全监测功能：实现从燃气门站至用户的全程监控，通过对供气设施、密闭空间和重要区域采用红外及浓度监测等手段，实现安全供气。目前已在济南市内部署了 147 个地上监测点和 800 多个地下泄漏监测点。

通过整合济南市政各行业的资源，能够获取重大危险源、关键基础设施和重点防护目标等的空间分布和运行状况等有关信息，并对此进行分析，将运行指标数据进行分项展示、区域展示和综合展示，实时、动态地掌握市政运行状态，准确统计任意时间周期内各个行业的运行情况，把分析结果直观地展现在决策者面前，实现对市政运行的总体监测和预测预警。

2）服务质量监测监管系统

服务质量监测监管系统是通过用户调查、行业监测数据采集、行业业务数据采集、用户来电等方式对服务质量数据进行采集上报，并进行综合分析，实现对市政各行业服务质量的全方位监管。利用行业主动上报、工单汇总分析、12319 热线、问卷短信等方式，收集全行业的服务数据，通过平台评分规则进行打分，综合评价，有效监管。系统具有服务质量数据上报、数据查询、综合分析、服务评价、质量通告、周期报表等功能。可对市政公用全行业的服务质量进行监测和监控，为市民用水、用气、取暖提供有效保障。

服务质量监测监管系统将济南市 12319 热线、供水热线等公共服务系统纳入统一的监测监管体系，实现公共服务资源的有效整合，从而为公众提供全面的服务内容。系统实现了城市供水、城市供气、城市供暖等行业的服务监管功能。

（1）供水服务质量监测监管：对济南市的城市供水服务质量数据进行监测，包括客户对供水水质、供水压力等的反馈信息以及对水务集团的客户代表的满意程度等。对水务集团"六位一体：抄表、收费、宣传、联络、咨询、巡检"六项服务的服务质量进行有效监管。

（2）供气服务质量监测监管：对用户的报装申请、工程服务质量、客户中心服务质量、燃气安全监察等方面进行信息收集和评价。

（3）供暖服务质量监测监管：对用户家中的室内温度、用热状态等服务数据进行监测，收集换热站、供热管网等设施运行状态，实现城市供暖服务的良性发展，配合城市供暖分户计量改革的有效推进。

服务质量监测监管系统对各市政公用行业的服务质量数据的综合分析，将各行业服务质量监测数据进行分项展示、区域展示和综合展示，实现对市政各行业服务质量信息的全方位监管，能够实时、动态的对服务质量进行评价。当服务质量不达标时，能及时反应，有效处置。

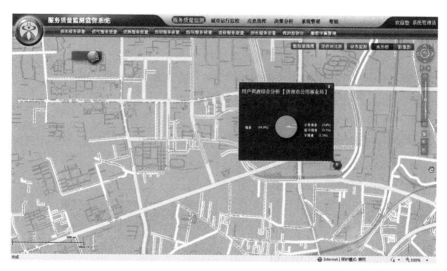

图 7-9　数字市政服务质量监测监管平台

（1）建立完善的市政服务质量评价标准

市政服务质量评价标准是服务质量评价的依据和基础，合理的服务质量评价标准才能产生公平合理的服务质量评价。通过对市政各行业业务的了解，提取出用户比较关注的、与服务质量相关的数据，从而制定相应的评价标准，作为市政公用行业服务质量评价的依据。

（2）提高市政服务质量和水平

通过市政服务质量评价标准的建立，对市政各行业服务质量进行全面的评价，发现问题和不足，并通过企业业务的改进和提升进行解决，从而达到提高市政整体服务质量的目标。

3）应急指挥调度系统

应急指挥调度系统可以在突发事件处置过程中，供市政公用局应急指挥中心向现场指挥部等各参与救援机构传达应急救援任务，并跟踪各执行机构的任务执行情况，以及管理所传达的各项任务。实现在突发事件处置过程中，现场指挥部等各参与救援机构接收市政公用局应急指挥中心下达的各项任务，并及时向市政公用局应急指挥中心反馈任务的执行情况；实现在处置过程中，现场指挥部等各参与救援机构阶段性地向市政公用局应急指挥中心报告事态发展和应急救援进展等情况；处置结束后，现场指挥部、相关单位向市政公用局应急指挥中心报告整个事件的处置情况。

对于突发事件处置中的任务、反馈、报告等信息在各应急部门或者人员间的传送，系统根据硬件或者网络环境，可以采取网络下达，也可以直接利用移动网络采用手机短信的形式下达。

同时，指挥调度系统还包括突发公共事件处置过程中对救援力量、救援物资、救援装备、应急专家、医疗力量等应急资源的调度。该系统利用信息表格和地理信息系统技术，直观地向应急指挥人员展示应急资源的数量、位置以及分布状况，为应急指挥人员制定资源调度方案提供辅助手段和工具。

应急指挥调度系统包括资源登记、资源查询、调度模型、资源调度标绘、资源调度专题图、任务下达、任务反馈、任务跟踪、任务管理、报告上报和报告接收共 11 个功能模块。该系统调用通用业务构件，调用非空间和空间数据访问功能，访问非空间和空间数据库，通过 GIS 实现资源调度标绘。

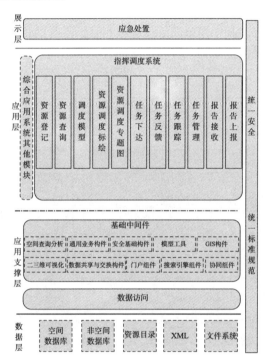

图 7-10 数字市政应急指挥系统

（1）应急事件的 6 个阶段处理流程

① 信息收集阶段。市政管理监督员在规定的若干网格内巡查，发现市政管理问题后利用无线智能终端实现问题的采集，并通过无线网络实现位置、图片、表单录音等信息的上报，应急指挥中心接受监督员和市民上报的市政管理问题，通知相关人员进行核实。

② 案卷建立阶段。应急指挥中心接受市政管理监督员和群众上报的问题，进行立案、审核后，批转到指挥中心。

③ 任务派遣阶段。指挥中心接受监督中心批转的案卷，派遣相关专业部门进行处理。

④ 任务处理阶段。相关专业部门按照指挥中心的指令，处理问题。

⑤ 处理反馈阶段。指挥中心将相关专业部门反馈的问题处理结果信息反馈到指挥中心，指挥中心再反馈到监督中心。

⑥ 核查结案阶段。监督中心通知相应区域的市政管理监督员到现场对问题的处理情况进行核查，市政管理监督员通过无线终端上报核查结果；如上报的处理核查信息与指挥中心批转的问题处理信息一致，监管中心进行结案处理。

(2) 模拟演练功能

模拟演练功能是应急工作的重要组成部分，目的在于提高应急处置能力，为检验和修改应急预案提供参考。模拟演练功能也可用来对相关人员进行培训。模拟演练功能能够构建突发公共事件场景，对事件进行模拟仿真和分析，并能够自动记录演练过程，对演练效果以及其他业务系统在演练过程中的执行情况进行评估。市政公用局可利用模拟演练功能构建应对经常发生灾害的模拟演练场景，对灾害的处置进行模拟仿真和分析演练，以提高应急指挥人员应对灾害的应急处置能力，并检验和修改相关应急预案。

模拟演练功能由模拟演练计划制定、模拟演练过程控制、模拟演练过程回放、模拟演练效果评估四个部分组成。其中模拟演练过程控制是该系统的核心部分。模拟演练功能依托于其他业务子系统实现模拟演练，过程产生的数据不影响平台的实际运行。模拟演练评估报告将保存到文档库中。

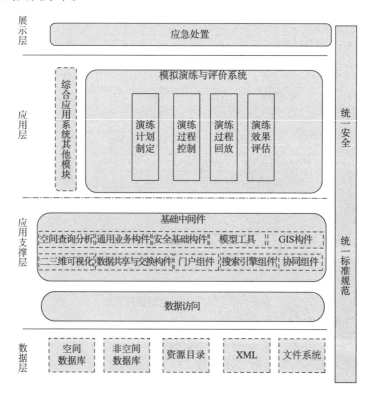

图 7-11 数字市政模拟演练功能

① 模拟演练计划制定是整个模拟演练系统的开始阶段，包括分组设定、人员配置、场景环境配置、演练流程配置、模拟演练计划管理五个环节，生成可视化的模拟演练计划。

② 模拟演练过程控制需要实现的功能包括模拟突发公共事件的触发，演练过程的全程可视化跟踪，模拟演练指令的下达以及对演练场景和流程的调整。系统按照分布同步机制，实现不同单位对同一个演练环境的协调指挥训练。

③ 模拟演练过程回放可对历史演练记录进行查询，并可按照演练过程的时间顺序驱动仿真系统进行回放，重现模拟演练过程。

④ 演练效果评估是通过演练回放，对演练效率、效果进行评估，形成评估报告。模拟演练效果评估系统与应急评估系统都对突发公共事件进行评估，前者对虚拟的突发公共事件进行评估，后者对真实发生的突发公共事件进行评估。模拟演练效果评估系统通过用户对系统中给出的相关参考评估指标进行打分，辅助应急办对模拟演练效果进行评估，并作出评估报告。

4）业务决策分析系统

决策分析系统在各行业集成的数据仓库的基础上，利用数据挖掘技术、决策分析模型和分析方法，自动生成处置方案，为领导决策提供科学依据。

业务决策支持系统是通过数据、模型和知识，辅助决策者以人机交互方式进行半结构化或非结构化决策的过程。

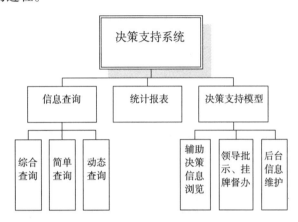

图 7-12 数字市政决策支持系统

决策按其性质可分为如下 3 类：

（1）结构化决策，是指对某一决策过程的环境及规则，能用确定的模型或语言描述，以适当的算法产生决策方案，并能从多种方案中选择最优解的决策；

（2）非结构化决策，是指决策过程复杂，不可能用确定的模型和语言来描述其决策过程，更无所谓最优解的决策；

（3）半结构化决策，是介于以上二者之间的决策，这类决策可以建立适当的算法产生决策方案，使决策方案中得到较优的解。

非结构化和半结构化决策一般用于一个组织的中、高管理层，其决策者一方面需要根据经验进行分析判断，另一方面也需要借助计算机为决策提供各种辅助信息，及时作出正确有效的决策。

决策的进程一般分为 4 个步骤：

（1）发现问题并形成决策目标，包括建立决策模型、拟订方案和确定效果度量，这是决策活动的起点；

（2）用概率定量地描述每个方案所产生的各种结局的可能性；

（3）决策人员对各种结局进行定量评价，一般用效用值来定量表示。效用值是有关决策人员根据个人才能、经验、风格以及所处环境条件等因素，对各种结局的价值所作的定量估计；

（4）综合分析各方面信息，以最后决定方案的取舍，有时还要对方案作灵敏度分析，研究原始数据发生变化时对最优解的影响，决定对方案有较大影响的参量范围。

业务决策分析系统能根据运行运营集成平台提供的集成数据，同时结合各类专项业务的决策模型和分析工具，为水质预警监测、防汛、照明、供水、水厂、二次供水、供热、燃气、排水、污水处理厂、道桥等各个专项市政业务，参考建立的决策专家库和知识库，实现决策结果多样化的报表和图表输出，辅助各级领导对市政专项业务进行深层次、多维度的决策分析，向各级领导展示各部门业务范围内的所有基本信息、专题信息、运行动态、分析统计信息等重要信息，系统提供在线联机分析能力，支持在图表和报表上的钻取能力，实现信息查看的任意组合和灵活挖掘，使领导能够掌握各部门的基本情况与业务运行情况。

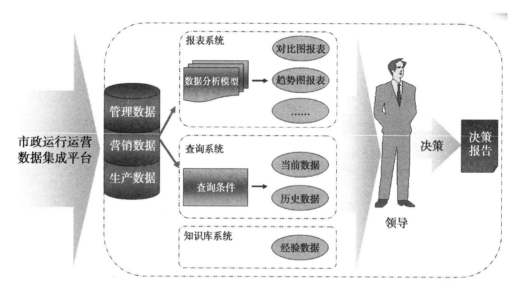

图 7-13 数字市政业务决策分析系统

3. 行业业务应用系统群

基于统一的资源基础数据管理平台和统一完整的技术标准与规范体系，对济南市市政公用局所属企业的专项应用系统分别建设，既要兼顾现状运营管理的需求，也要兼顾 IT 领域发展趋势的技术先进性，分步骤集成相对集中的部门级管理系统和相对分散的企业运营管理系统，并最终全部纳入统一的指挥决策平台中。

市政专项应用系统群包括城市防汛指挥调度系统、城市绿色照明节能管理系统、城市排水综合管理信息系统、数字供水系统、城市供水水质监控预警系统、城市道桥、燃气、供热等专项业务管理应用系统。

作为一项大型的复杂系统工程，济南市数字市政各业务系统建设按照总体规划、分期分阶段建设的原则进行，目前已经基本建设完成了城市照明、防汛、排水、供水等系统，供热、燃气以及道桥系统的规划和建设也在逐步展开。

1）城市防汛综合管理信息系统

建立气象预警、雨量遥测、水位监测、视频监控和指挥调度五大系统，全方位收集气象、水位、水文、雨量、汛情、视频监控信息，为视频会商和指挥调度提供直观的决策依据。

实现城市防汛指挥调度的信息化,全方位实时收集气象、雨量、水位、水文、视频监控信息,有效进行人员、抢险车辆、设施及物资的指挥调度和应急抢险,提高城市防汛抢险救灾指挥决策和调度水平,增强城市防汛工作的快速反应能力。

2)城市照明综合管理信息系统

采用单灯控制等技术,建设济南市城区主次干道的城市照明监控网络和城市绿色照明智能监控管理系统。系统能够自动控制城市照明的开灯、亮灯、暗灯、关灯,并通过不同时段、不同的天气亮度及时准确地改变和控制城市照明的开灯、亮灯、暗灯、关灯时段和时序,实现城市照明的节能。同时检测城市照明区域内灯具的工作状态,采集和统计电参数,并计算亮灯率和预测灯泡寿命。通过远程控制,可以利用中央计算机对城市照明区域内的任意一个光源点进行开关控制,进行个别调光,瞬时获知失效消息并报警。

根据交通流量和行人对路灯照明的需要,合理地设定路灯开/关、降功率、调光等亮灯模式,在满足人们夜晚出行安全的前提下,调节路灯照明亮度,实现按需照明。从实际运行效果上看,可实现节能30%以上。

以节能和提供按需照明服务为目标,建立起一个连接整个城市路灯照明设备网络的无线通信平台、资源管理平台与控制管理平台,实现对路灯的全方位智能管理,为市民提供优质的按需照明服务。

3)城市道桥综合管理信息系统

实现桥梁管理、视频监控和桥梁健康监测等功能,感知市政道桥状态,有效预防桥梁安全事故的发生。

4)城市排水综合管理信息系统

数字排水系统加强对城市排水设施安全运行和防汛排涝、污水处理的监管。建设排水管网、河道及中水站、泵站在线监测监控,实现对城市排水设施安全运行和防汛排涝、污水处理排放的监管,优化排水和泵站防汛调度。

通过建立设施数据管理、运行安全监测、行业综合监管、应急指挥调度四个体系,加强对城市排水设施安全运行和防汛排涝、污水处理的监管。已建成8个中水站在线监测系统、部署30多个管网监测点,可对排水管网的液位、流速、流量进行实时监测,保障城市排水安全运行,提高管理服务水平。

5)数字供水系统

以供水服务标准化、调度智能化、管理精细化为建设目标,构建城市供水业务管理系统群,形成生产运营、营销服务、综合管理三大业务体系。实时对供水系统进行数据采集与控制,实现对水厂制水、生产调度、供水监测、供水营销、客户服务、应急处置、综合办公等供水业务的科学化管理,达到城市供水行业管理精细化、服务标准化的要求。

系统实现对供水设施的全面、动态化管理。实时监控管网关键点,自动预警,辅助爆管事故处理,自动搜索与其相关联的阀门,逐步实现远程遥控关闭,自动搜寻并通知事故影响范围内用户。

营销管理系统结合十分钟生活圈等便民服务要求,进行营销系统升级。实现多种缴费方式,开通网上银行支付,并建立网上虚拟营业厅,让用户在家中即可享受专属客户服务。按照六位一体的服务模式,配备基于3G技术的移动服务终端,实现抄表、收费、查询、上报、催欠、考核等功能。

6）数字燃气业务应用系统

通过燃气管网设施数字化手段，实现燃气设施全生命周期的管理，建立燃气运行监测监控网络，实时掌握燃气设施运行状况；通过对供气设施、密闭空间和重要区域采用红外及浓度监测等手段，实现安全供气。部署147个地上监测点和800多个地下泄漏监测点。

7）数字热力业务应用系统

实时监测调整供热运行参数及负荷，逐步实现分户计量，实时监测管网末端用户温度，打造供热生产运营及服务体系，增强供热管理能力，保证热网安全稳定运行，提升供热质量和客户服务水平。

8）水质监测业务应用系统

集成国家水专项项目，实现从源头到龙头的全过程水质监测预警。建设集实验室监测、在线监测和流动监测三位一体的监测体系和应急处置信息化网络平台。建设多层次网络化在线预警监控平台，涵盖水源水、出厂水和管网水水质预警监测，提升政府监管部门对突发性水质污染事件的预警预报和应急处理能力。

7.1.7 项目创新

1. 设施数据的普查与数字化管理

地下管线是市政公用基础设施的重要组成部分。它就像人体内的"神经"和"血管"，是城市赖以生存和发展的物质基础，被称为城市的"生命线"。同时，地下管线的图纸、资料又是城市规划建设的重要基础信息。错综复杂的地下管线，就像巨大的地下迷宫，成为城市管理中的"盲点"，给城市安全带来了诸多隐患。济南市作为改革开放的前沿城市，在持续多年的高速发展中，面临着设施数量巨大、类型繁杂、资料不全、手段缺乏、管理困难等难题。为此，济南市于2010年初启动了数字市政地下管线和地上市政公用基础设施的物探和普查工作。目前，济南市已经建立了各种市政专业数据库，完成了4495公里的供水、燃气、排水、供热等各类地下管线数据普查和入库，完成了中心城区二环路以内燃气站、加压站、中水站、泵站、桥梁、路灯等地上市政公用基础设施的普查入库工作。通过这些数据建设，既掌握了各类设施的详细情况，更摸清了在城市地下盘踞了几十甚至上百年的市政管线的"家底"。

通过摸清家底，在统一的数据标准与规范基础上，实现地下管网的数字化，建设地下管网资源管理GIS系统，作为地下管网信息化的基础，建立所有市政公用地下管网数据的统一集成管理平台；并根据各行业特点，构建各行业专业管网管理系统，为各单位提供日常管理、运行维护、应急处置的技术支撑；建立市政公用局和各单位之间的数据动态更新机制，实现地下管网数据的集中管理、集成共享。

2. 市政公用基础设施海量空间数据挖掘与决策支持

依托建立起来的庞大的市政公用基础设施数据基础，济南市政公用事业局建设地理信息平台对各类市政管网设施和地上设施进行统一管理，不仅对地面上的设施可一目了然掌握，而且可像X光一样透视城市地下管网，实现对设施的有序和精确管理。同时，将先进的空间数据挖掘技术创新应用于市政领域，对海量的设施空间数据进行挖掘和分析，包括拓扑分析、爆管分析、冲突分析、专题分析、辅助决策等一系列功能，为市政设计、规划、施工、应急抢险等提供相应的决策支持。

空间数据挖掘是近年来在国际上兴起的一门新兴技术，是指从空间数据库中抽取没有清楚表现出来的隐含的知识和空间关系，并发现其中有用的特征和模式的理论、方法和技术。将空间数据挖掘技术应用于市政管网设施管理在国内属于首创，是高科技在市政公用行业的典型创新应用。

3. 应用物联网技术有效预警和智能监控管网运行状态

根据国际上物联网建设的规划方案，物联网应用示范工程一般分为两个层次：政府根据公共需求，主要由政府出资建立示范工程；主要由运营商出资建设可操作的商业运作模式。数字市政公用行业中的路灯照明监控，供水、供气、供暖管网运行状态的远程监测与分析，都是物联网在市政领域的典型应用，同时也是关系到百姓安居乐业的民生大计。2010年11月，济南市市政公用事业局、中国物联网研究发展中心等签署了中国物联网战略合作协议书，就推动物联网技术产业发展达成共识，将物联网技术应用到济南数字市政的建设中来，让济南地下管线等基础设施更智能，运行更安全。根据签署的协议，双方将共同推进国家级"感知市政"的物联网应用示范项目的实施，将济南市作为"感知市政"的物联网应用示范城市，在市政信息化方面展开合作，共同推进国家级物联网相关标准的制定。

济南数字市政将建设以物联网技术为基础的监控及数据采集系统（SCADA），实时远程遥测全市的供水、供气、供暖系统的关键点的压力值、流量等主要参数，以及排水泵站的水位、路灯的状态等主要参数，并采集到监控中心，充分利用数字化信息处理技术、网络通信技术和工业控制技术，全面整合SCADA、视频联网监控、GPS、GIS、MIS等系统，建立市政公用预警和应急指挥系统，为市、局领导提供统一管理、多网联动、快速响应、处理有效的应急指挥平台，为智能调度和指挥决策服务。全市关键设施的实况通过SCADA及网络视频传输尽收眼底，对城市水（自来水、排水、污水）、气（暖气、煤气、液化气）、道路、桥梁、路灯等进行严密、动态的实时监控，并对异常情况自动预警报告，防范事故灾害。通过应急反应系统，在管线爆裂、泄漏、路桥中断等突发事件中为高层决策提供应急指挥功能。

同时，济南数字市政在新技术应用方面也进行了大胆创新。一是将光纤传感技术在国内首次应用于燃气管道泄漏检测，构建燃气点、线、面三位一体的监测机制，实现燃气管线的全方位、全时段的立体监测，保障城市燃气供应的安全高效运行。二是成功地将已经应用于济南市路灯单灯控制的电力线载波传输通道共享应用于排水管网、供水管网、供热管网的运行状态监测传感设备的数据传输，解决了无线传感设备在市政公用基础设施自然环境恶劣情况下的电源供应难题和噪声干扰问题，是国内将电力线载波通信技术应用于市政领域的先驱，具有极高的创新价值和资源共享价值。

4. 通过技术手段在市政公用行业深入贯彻和体现民生与服务

市政公用行业涉及供水、供暖、燃气、排水等行业，都与百姓生活紧密关联，是典型的民生工程。民生为先、服务为本，济南市市政公用行业在数字市政的建设中深入贯彻和体现这一理念，在系统中建设了一张健全的服务质量监测监管网络。

利用物联网技术，监测监管市政公用管网服务质量数据，例如供水管网的压力、水质、漏损数据，构建服务质量水平评价指标体系，切实落实行业规范化服务标准；减少各类管道爆管造成的停水、停气、停暖事件发生，提高各类设施运行服务的可靠性；同时，一旦发生应急事件，可以及时查询影响区域和需要通知的用户，向市民发布动态服务信息，提高服务质量和市民满意度。在监控监管中心自动、实时地对服务质量进行追踪，当服务参数不达标时，及时调度处置，确保市民在用水、用气、取暖上的高质量服务。

5. 打造全国数字市政建设标准和模版

标准体系作为数字市政建设的工作框架，是保证数字市政建设质量的重要基础和先决条件。数字市政示范项目建设中需要制定业务、平台开发、数据等多方面的标准，这些标准将贯穿数字市政建设的始终，保证数字市政示范项目建设的有序、高效进行。

采用"市政公用行业一体化"设计思想，利用物联网技术手段将市政所有相关行业集成到一个统一的大平台上来，在数据、业务、应急、决策、服务等层面进行统一管理和服务，在国内甚至世界上都具有很大的创新性和领先性。

7.1.8 建设效益

济南市数字市政项目的成功实施，既提升了市政公用管理部门的综合监管、指挥和决策水平，又提升了市政公用各行业的管理和服务水平，对于市政全行业的信息化拉动成效明显，科技含量明显提高。

1. 有利于提升政府对市政公用行业的监督水平

市政公用事业建设的是公共工程，生产的是公共产品，关联的是公共利益，影响的是公共安全，提供的是公共服务。这种公用性质决定了政府主管部门必须重视和加强对公用事业的管理，不断提高管理水平以适应社会需要。随着市场经济的发展，公用行业也面临改制、特许经营等诸多新问题，政府对公用行业的监管也面临新的考验。

数字市政平台通过数据提取建立了综合资源数据库，为主管部门提供了第一手管理资料，系统集成了各专业单位的运行调度系统、营业系统，可以为政府提供大量的深层次管理信息。项目的建设为市政府对公用行业的监管提供了一个崭新的平台和全新的手段，可提高政府决策的科学性、前瞻性和民主化程度，具有巨大的社会效益和经济效益。

2. 有利于提高专业单位工作效率和服务水平

数字市政平台最显著的功能和特点就是将原来各个所属单位的专业资料进行动态管理，改变原来手工管理资料的模式；各所属单位可以实现运营管理数字化，这样各个环节、各个部门之间运转更加通畅；同时GIS将业务系统紧密结合，采用工作流的方式，使工作透明，从而达到比较高的管理目标，提高部门管理效率。

市政公用事业形势变化越来越迅速，客户的需要也日益多元化。要适应新情况，各单位必须按市场需要，建立一套反应迅速的工作流程，数字市政平台将在这方面提供有力的支持。高效运转的GIS管网管理信息系统，爆管时可以及时查询需要关闭的阀门和需要通知的用户，可以使抢修服务的响应速度更加快捷，使服务质量得到很大的改进，使客户的满意度也大幅度提高。

3. 有利于增强公共安全管理能力

市政公用事业的安全运行关系到公共安全和社会稳定，责任重大。通过数字市政平台，市政公用事业局可以加强对下属企业及部门安全生产的监管，随时了解当前市政公用事业各行业运行运营情况和安全事故的处理过程，小到处理爆管事故，大到应对自然灾害，统筹掌握市政公共事业各行业信息。只有将市政信息进行统一集成，才能制订可行的应急方案，并实施有效的指挥调度，确保市政公用事业生产、供应和服务的连续性、稳定性，提高城市应变能力。

4. 全面提升公用事业局管理水平

信息化不仅仅是信息技术的简单采用，更是管理部门借助信息技术工具，引进新的管理思想和模式，使公用事业单位的管理水平得到进一步提升，实现更高的管理和发展目标。

7.2 长春市市政公用综合监管系统

7.2.1 项目背景

长春是吉林省的省会，也是全省政治、经济、文化、科技和交通的中心，总面积20604平方公里，其中市区面积4789平方公里，户籍总人口745.9万。

2009年，在强化管理、服务民生的主基调下，长春市决定组建长春市市政公用局。市政公用局成立初期，面临着一系列的问题及挑战，主要表现为市政公用基础设施档案收集难、设施监管难、市政突发事件调度难以及市政规划建设决策难等几个方面。仅2009年一年，12319建设系统监督中心接到的投诉电话就有41394起。为了解决上述种种问题，保障城市公共安全，实现政府管理城市、服务市民的执政理念，必须探索和建立一种崭新的机制，使它既能保证设施正常运行，应对城市发生的各种不测灾害和突发事件，还能受理市民的各种投诉或咨询，切实解决他们的问题和困惑。

有鉴于此，长春市市政公用局迅速着手立项招标，大力推进，经积极筹建，多方协调，市政公用综合监管信息系统于2010年10月23日正式启动。

7.2.2 工程概况

系统建设以"政府主导，统一规划，分步实施；打好基础，重点突破，稳步推进；统一标准，资源共享，重在应用"为原则，摸清家底，建立、健全城市市政公用电子档案；分析问题，解决问题，利用科技化手段，搭建数据基础、指挥调度、综合监管三大平台，突破市政公用管理所面临的瓶颈，提升城市精细化管理水平。

项目立项后，长春市市政公用局深入研究市政公用局的主要职责、组织架构与各处室工作流程，对长春市市政公用基础设施现状、系统数据建设情况加以汇总，确定系统建设范围，明确软硬件平台需求、数据需求、功能需求与其他需求。通过数字化平台建设，长春市的市政公用监管领域从以往孤立零散整合扩展为综合联运的八大市政公用专业，监管方式从人工巡查升级为自动化数字化监控，监管环节从个别环节延伸至市政业务全程，监管频率从不定期到动态实时，监管行为从事后被动转变为事前主动监管，监管程度从粗放到精细，监管效果从事后修补到事前预警，实现对城市市政公用基础设施及运行的精细化与智能化管理，改进了城市管理方式和手段，推进了城市信息化的建设和发展，提升了城市管理的整体水平。

7.2.3 总体框架

1. 总体逻辑架构

根据长春市市政公用局建设市政公用基础平台、局办公自动化系统、地下管线管理系统、供热在线监控子系统等业务需求，同时规划远期网格化管理巡查系统、市政公用产品实时监控系统、电子政务行政审批，电子报批以及公众服务等方面的需求，构建出市政公用综合监管信息系统框架结构图如下，整个信息化建设分期进行，其中最核心的就是一期工程的总体框架及集成设计以及市政公用基础平台开发建设。

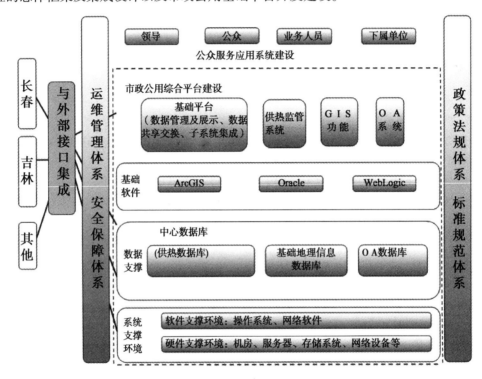

图 7-14　长春市市政公用综合监管系统总体逻辑架构

2. 总体技术架构

由于系统将涉及多个部门之间的系统互连、空间数据的交换共享，长春市市政公用局综合监管信息系统将采用基于 SOA 的架构思想，系统的总体技术架构如下图所示：

数据层分别存储基础地形数据、地下管线数据、市政部件数据、产品质量在线检测数据、业务数据等。这种分类的存放和管理有利于实现对不同类型数据的更新、发布等操作，实现数据的集中管理。

在数据库的设计基础之上，需要建立核心应用支撑系统实现对数据的管理，如共享数据管理系统、数据共享交换系统、运行维护系统等几个内容，分别定义基本功能、接口标准、技术路线等。

企业服务总线（ESB）提供了 SOA 所需的软件基础设施环境，以融合集成特性和面向服务特性为一体的基础架构，以一种高度分布的部署模型，"统一消息"的数据模型，高度可扩展、包含开放端点的体系，实现一个对各种企业服务"来者不拒"的智能化集成，实现被集成的各个企业服务之间的数据汇总、数据整合以及信息共享。

其中，ESB 分为服务器和客户端两部分，一个服务器端与多个客户端组成一个自治网络，服务器端负责对服务组件进行注册、发布等管理，客户端的个数不限，可以保证系统良好的扩展性，客户端实现对服务的调用，且这种调用过程可以屏蔽网络的异构性、服务实现的异构性、传输协议的异构性等特点，实现系统的无缝集成。

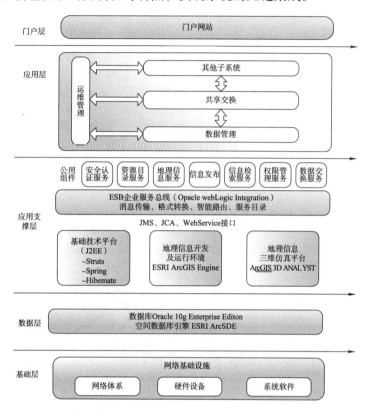

图 7-15　总体技术架构

7.2.4　建设内容

本系统是在 AM/FM/GIS 技术基础上，采用新一代智能传感器实时感知（采集）市政公用基础设施运维状态，并集成了 AI/DI/DO/RS232/RS485/USB/SD 卡/CAN/以太网/GPRS/3G 等丰富的数据及通信接口，利用 M2M 中间件、RFID 集成模块、智能终端集成模块、组态监控软件等，实现设施的视频监控、液位仪、照明控制箱、远程泵站、GPS、SCADA 系统、RFID 等监控数据的动态接入。本系统基于大型关系数据库和地理信息平台，统一管理全市各类设施，实现设施精确定位与动态更新；还可以对市政管理事件的自动发现、提前预警、智能维护，实现市政日常业务的实时监控、状态评估、服务质量评价与可视化管理，突发事件的实时监控、指挥、评估和应急处置，为市政管理有关部门提供了科学的辅助决策手段。

可分为软硬件平台建设、规范标准体系建设、信息系统建设、时空数据整理入库四大部分。软硬件平台建设主要包括核心机房、指挥调度中心及软硬件平台集成建设；规范标准体系建设主要包括技术标准规范设计、基础地形数据标准设计、综合管线数据标准设计、道路桥梁及其附属设施数据标准设计、专业管线数据标准设计、市政部件及网格化管理规范设计、目录及元数据标准规范设计；信息系统建设主要包括市政管线综合信息管理系统、供热在线监控系统、办公业务 OA 系统三大部分；时空数据整理入库主要包括供热在线监控数据的整理入库处理、基础地形数据的整理入库处理、市政综合管线的整理入库处理、办公业务 OA 数据的整理入库处理四部分。

1. 软硬件平台建设

软硬件平台需求包括核心机房建设需求、指挥调度中心建设需求与软硬件平台集成需求三部分。其中，核心机房建设包括精密空调设备、UPS 设备、机房环境监控设备的采购、安装与调试，以及服务器机柜的采购；指挥调度中心建设包括监控坐席工程和空调系统；软硬件平台集成项目建设内容包括网络集成、主机平台建设、存储平台建设、程控交换系统和软件平台集成。

长春市市政公用局综合监管信息系统将基于两种网络环境：市政专网、互联网，下图为网络拓扑结构图。

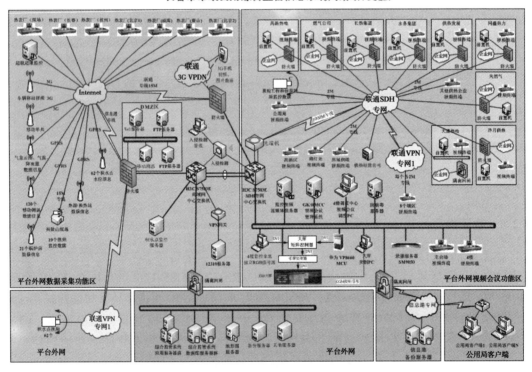

图 7-16　网络拓扑结构图

其中，市政专网部分部署市政公用基础平台，数据库存储面向服务的产品数据，因为其应用性较强，所以数据库保存建议采用双机热备的方式。数据另外采用磁带库和存储设备进行数据冷备份。数据交换管理系统和长春市数字市政专业子系统部署在应用服务器上，数据交换通过前置交换机进行。

互联网与市政专网之间设置采取逻辑隔离，企业单位、社会公众通过访问平台门户网站获取相关服务。

2. 时空数据库建设

系统要求的时空数据主要包括长春市基础地形数据、影像栅格数据、市政综合管线数据、供热业务数据、办公业务 OA 数据等。

时空数据库设计主要包括设计说明与设计架构两部分。设计说明对时空数据库的实体、列、表、字段的命名规则、注释、类型、范围加以规定，数据库设计时要遵从这些规定，如有必要可能会增加一些其他方面的约定；设计架构以长春市基础时空数据库设计为参考、以市政基础数据库设计为基础，以市政各专业数据库设计为核心，并通过元数据库设计统一形成有机的整体，下图所示为时空数据库设计的框架结构图：

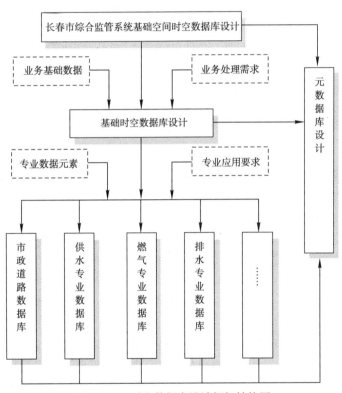

图 7-17 时空数据库设计框架结构图

3. 系统功能

市政公用基础平台主要包括五个部分，分别是运维管理子系统、时空数据库管理子系统、数据共享交换子系统、数据综合展示子系统和信息服务管理子系统。

系统依托基础数据、指挥调度、综合监管三大平台，建设了八大专业，十四个应用子系统，包括：供热监管系统、综合管线系统、12319 呼叫系统、办公 OA 系统、视频会商系统、照明监控系统、城区防汛指挥调度系统、供气管理系统、供水管理系统、道桥管理系统、静态交通系统、应急指挥系统、网格化巡查系统和电子政务系统。建设架构图如下：

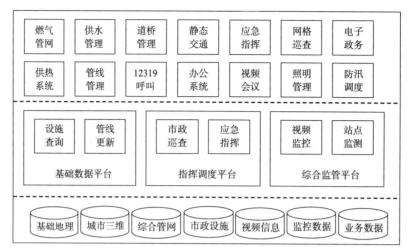

图 7-18 系统建设架构图

通过建设此系统，可以对城市地上基础设施部件实行网格化管理，建立地下管网数据库，对城市地上、地下实行一体化数字化管理，对突发事件预警预报、监控指挥、现场处置及评估，将市政公用系统的监管、服务、预警预报及应急抢险纳入平台实施统一调度指挥，建立长春市地理信息系统数据库，为领导科学决策提供基础数据。

7.2.5 项目创新

长春市市政综合监管信息系统在建设与应用过程中，通过深入基层进行需求调研，以"为人民服务"为宗旨，在监管系统、调度指挥、资源共享、功能设计等方面不断进行完善和创新，从而使系统更好地发挥作用。

1. 整合的监管系统

信息的及时获取和准确呈现是城市运行管理的前提和基础。八大专业监管系统的整合，应以城市运行管理的重点区域为监控重点，以城市道路为核心路线，结合网格化管理掌握全市运行情况，形成点、线、面三位一体的城市运行状态监测体系。

点的监控：

通过系统平台和既有城市照明监控系统、桥梁超载超限监控系统的整合，在市区重点街路、特殊区域安装摄像头、水位监测仪等设备，在系统平台上实现对城市照明的可视化监控、桥梁实时在线监控、停车场静态停放网络信息化监控、防汛积水点水位的统一监控和相关数据的统计分析。

线的监控：

在综合管线系统中，利用地理信息技术和数据库技术，基于在线监控平台实现全市所有管线、供水、排水、供气、供热等市政公用基础设施的"一张图"管理，实现综合监管内容与领域的整合。

面的监控：

通过单元网格管理法和城市部件管理法相结合的方式，应用信息化城市管理系统，创新城市管理、城市监督分开的管理体制，从而对城市部件、事件实施管理的模式，达到主动、精确、敏捷、高效的管理效果。

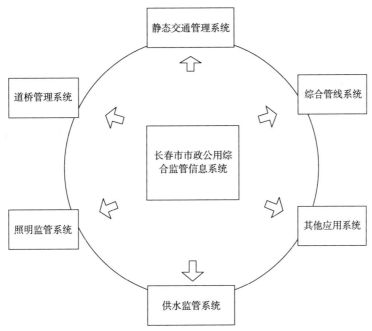

图 7-19　整合的监管系统

2. 高效的调度指挥

建立视频会商子系统，为领导指挥协调城市工作提供平台支持。目前已经完成 54 个视频分会场建设，监控中心大屏幕上最多可同时显示 27 个视频分会场，市领导已多次在此召开防汛、供热视频会议及突发事件的指挥调度。

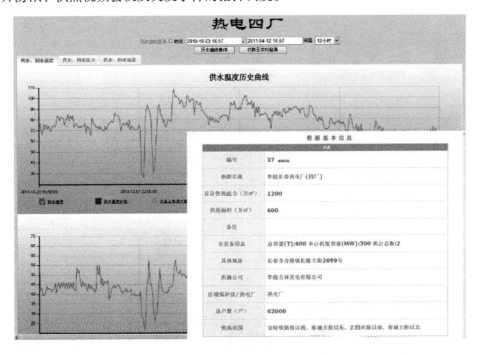

图 7-20　供暖温度骤降曲线图

指挥调度采用固定与流动相结合的方式，监控大厅设固定指挥席位和流动指挥席位。当供暖期来临，供热企业派遣联络员驻监控中心，结合视频会商系统，就供暖问题进行及时的沟通与协调。

3. 资源的共享利用

长春市市政综合监管信息系统乃是"数字长春"的核心部分，在建设过程中共享了许多部门建设与管理资源，如天网视频、地理信息、气象信息等，从而节约建设成本，避免重复建设。在未来，还将向相关单位开放数据接口，从而实现数据的同步和信息的共享。

同时，在此体系硬件设施设计时亦要考虑资源利用的最大化，例如安装在主要街路上的视频监控系统，白日用来监控道路、排水等市政公用基础设施，夜晚还可以用来监控路灯及楼体亮化运行状况。

4. 智能化的功能设计

一个实用的信息系统不仅要考虑到功能的完备性和可靠性，而且要考虑到功能设计的智能化。例如防汛指挥调度系统中的应急预案功能，可在突发紧急事件时自动分析情况，执行相应的应急预案，避免人员物资的进一步损失等；道桥管理系统可定期检索道桥状况，对到达维修年限的道桥自动生成维修计划，并预警提示等。

基于物联网的管网评估和预警，可为市政管理部门提供安全可控乃至个性化的实时在线监测、定位追溯、报警联动、调度指挥、远程控制、安全防范、远程维保、统计报表、决策支持等管理和服务功能，实现对管线运维及突发事件的"高效、节能、安全、环保"的"管、控、营"一体化。

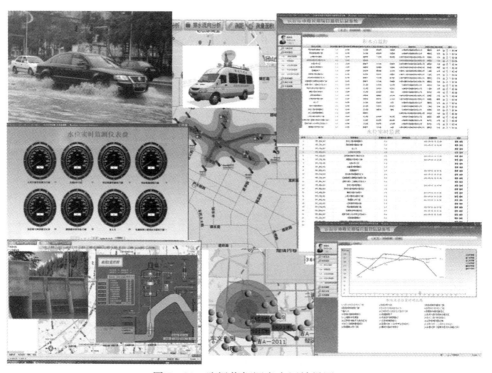

图 7-21　防汛指挥调度应用效果图

7.2.6 建设效益

信息系统建设的最终目的在于服务社会，强化公共产品服务质量监管能力，当服务质量不达标时，能通过指挥调度系统及时处置，对于市政公用的日常工作及突发事件处理起到了不可忽视的作用，收到了良好的社会效益和经济效益，下面通过运行过程中的具体实例加以阐述：

1. 供热监管子系统通过对各个热源的供、回水温度及流量的在线监控，及时发现问题并加以处理。在 2010 年冬季采暖期间，供暖温度曾经出现过两次骤降，第一次出现在 12 月 8 日至 12 月 10 日，由于热电厂的 2#机组故障造成；第二次出现在 12 月 13 日至 12 月 14 日，由于棚煤故障造成。监管系统第一时间报警，长春市市政公用局立即启动应急预案，启用其他锅炉房对 350 万平方米的负荷进行了热源切换，保证供热不受影响，不仅避免了市民遭受寒冷之苦，而且防止管道因冻开裂，造成更大的损失。

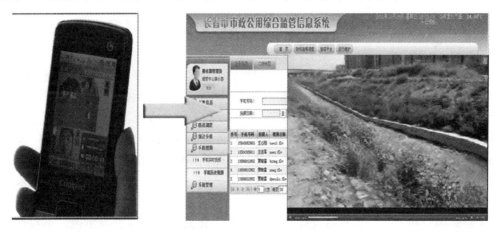

图 7 - 22　PDA 手机巡查视频

2. 防汛指挥调度系统通过整合气象信息，在低洼地段安装水位监测、视频监控等设施，实时监测积水点状况，并基于地理信息平台实现对汛情的及时预警、灾备物资的调度部署等快速响应。2011 年 8 月 8 日接收到"梅花"台风来袭的气象预警后，城区防汛办进行了充分的部署，各低洼区域的抢险人员及时上岗，严阵以待。因为领导重视预警，物质、人员、设备准备充分，长春市全年无一起因积水影响交通、市民出行的事件，安全渡过整个汛期。

3. 为相关工作人员配备 PDA 手机，基于 3G 更宽的网络频谱和传输速度以及对多媒体数据网络传输的支持，通过手机端安装的嵌入式软件系统摄入并回传巡查信息，以图片、视频的形式直观显示设施运行故障及突发现场情况，并在电子地图上定位，便于领导指挥调度，进行处理。既节省了现场描述及定位的时间，快速反应及时处理；又可在系统数据库中形成存档，积累历史数据。

7.3 常州市数字市政业务集成系统

7.3.1 项目背景

随着城市规模的不断扩大，常州市政公用行业基础设施规模越来越大，市民对公用行业服务水平的要求也越来越高，公用行业的管理面临着数据现势性、管理动态性、反应及时性等方面的困难。

常州市政府长期以来一直十分重视市政公用行业的信息化建设，市园林局、建设局和下属的常州市通用自来水有限公司、港华燃气有限公司、照明管理处、排水管理处等公用事业建设、管理单位充分认识到只有利用先进的技术，实现信息化管理，才能够有效、准确管理公用事业设施的基础资料，为城市规划、建设与管理提供可靠依据，保障城市公用事业的安全运行。

7.3.2 工程概况

常州市建设局和自来水、排水、路灯、燃气、公交、市政工程、园林绿化7家公用事业单位以"7+1"模式，开发了供水、排水、路灯、燃气、公交、道桥、路灯7个专业市政业务管理系统，并由7个专业系统有机集成了一个数字市政综合业务信息系统，该综合系统由建设局管理和维护。运用该系统，只要一点鼠标就能全面掌握这7家公用单位任何一处的管线长度、节点、管材、地面标高、埋深等信息，并能根据爆管、泄漏、路灯不亮等情况进行辅助决策，及时寻找对策，并把分析结果迅速以图、文、声、像一体化的形式提供出来。

该工程先后被列为国家"十五"科技攻关计划"城市规划、建设、管理与服务的数字化工程"项目和"十一五科技支撑计划城市数字化关键技术研究与示范"的综合示范工程。使常州市市政公用的管理水平从经验管理提升到科学管理，实现了城市规划、建设、管理与服务数字化的目标，创造了巨大的经济效益和社会效益。建设部组织的验收专家组认为，该工程在管理模式、解决方案和建设经验上都具有较好的示范意义，值得在国内大力推广。

7.3.3 设计思想

根据项目整体设计，为了管理多源异构数据、适应系统不断的调整以及降低维护和开发系统的费用和难度，系统基于数据中心平台建立市政公用基础设施综合管理和运营平台。其指导思想是：

1. 开放性和可扩充性原则

系统主要在数据中心的基础上建设应用集成平台，向上提供为实现综合信息产品系统的各项高级功能的标准接口及对外信息发布、服务标准接口，向下提供管理各种类型数据及相关基础功能的标准接口，使应用集成平台在实施中具有开放性、屏蔽异构性、可伸缩性的统一管理能力。

2. 高度可定制性原则

系统将采用可定制性原则，即根据行业的标准建立起功能与界面相分离的具有高度可定制性的应用平台，动态实现开发系统的界面布局，真正做到界面布局"随需而变"，同时也能灵活、自由的实现在业务平台上的"插拔"，从而实现在集成开发平台上开发出的系统具有高度可定制性和可复用性。

3. 功能可搭建性原则

应用集成平台对 GIS 功能及其他高级应用功能进行统一管理，对外公布统一的接口，允许对功能进行本地或远程部署，并使得每个功能项类似一个小积木块，使用"小积木块"搭建"大积木块"，"大积木块"可放入应用程序中执行。另外引入工作流思想，提供 GIS 功能的可视化搭建，实现按需即时、灵活的调整功能流程。

4. 极大优化及快速构建原则

应用集成平台将采用多种手段实现与数据库、数据仓库、功能仓库进行优化管理，实现与其他接口或系统之间的快速响应，并实现基于综合信息定制产品库的高级应用功能系统的快速构建。

5. 标准化和规范化原则

应用集成平台将建立开放式、标准化的接口以及行业规范。

7.3.4 总体框架

基于统筹兼顾的共建模式，采用多层体系结构实现智慧市政的目标，主要包括软硬件基础、数据中心集成开发平台、市政综合信息服务平台、信息共享服务平台、市政公用应用系统、数字市政运营服务等几个层次。另外，"组织领导、政策法规、管理规范、运营机制"和"标准规范体系、安全技术体系"必须贯穿各层次技术建设的始终。

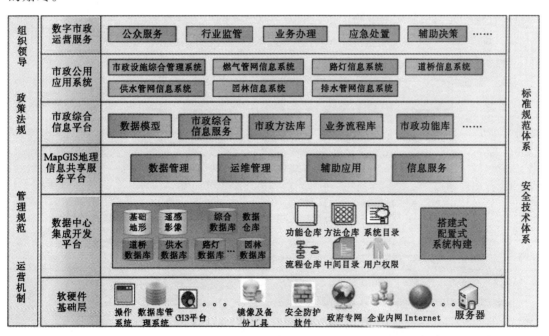

图 7-23　常州市数字市政业务集成系统总体框架

7.3.5 建设目标

本系统是以市政公用基础设施基础空间和属性资料为核心，以设施的规划、设计、施工和日常维护为主要内容，在统一的信息平台上完成设施综合管理部门和专业权属单位所有与设施相关业务的功能开发。

建设目标是建立一个数字市政业务集成系统平台，其中包括在常州建设局建设的市政公用基础设施综合管理信息系统和自来水、排水、路灯、燃气、道桥、公交、园林七个专业子系统，即"1+7"模式，数字市政业务集成系统是一个市政公用基础设施综合管理系统和七个市政专业子系统的有机集成，系统建设目标如下：

1. 在各级市政公用基础设施管理部门之间建立统一的管理平台，并基于统一的数据标准和技术规范条件下，建立常州市政公用基础设施综合数据库；

2. 在常州建设局和下属专业单位之间建立统一的数据交换和共享平台；

3. 针对各级主管部门的业务不同，在"数字市政"整体设计中，根据各单位的实际情况，以不同的管理需求和管理业务为重点，快速便捷地构造系统体系，建设各个专业信息化体系，实现各个专业的业务功能；

4. 面向政府、企业和大众，提供不同的服务功能，满足不同的应用需求。

7.3.6 建设内容

1. 供水管网信息系统

供水管网信息系统采用市政数据中心核心技术，不仅可以满足传统的供水管网信息化管理需求，还是供水信息的共享服务平台、业务系统的可视开发平台，可作为供水企业核心资产管理和完整信息化的战略平台，助力市政企业的可持续发展。

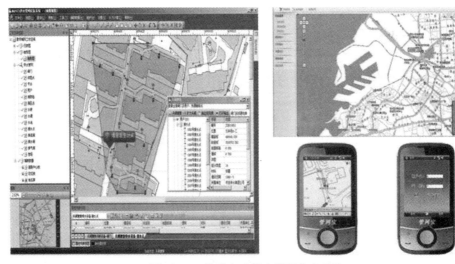

图 7-24 常州市政供水管网信息系统

2. 排水管网信息系统

排水管网信息系统利用现有的排水管网数据资料，提供排水管网及相关资料的查询、统计以及各种报表输出等管理功能,提高管网日常管理水平,并通过雨水、污水管网的专业分析功能,为排水管网的深层次管理打下坚实的基础。

3. 燃气管网信息系统

燃气管网信息系统利用计算机网络技术、GIS 技术,在建立管网基础信息库的基础上,紧密结合燃气公司管理的业务流程,实现了供气管理的科学化和自动化。

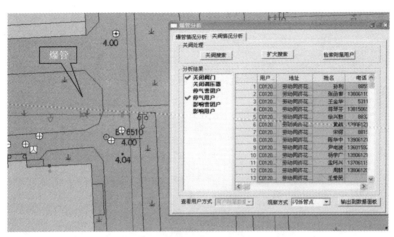

图 7-25　常州市政燃气管网信息系统

4. 路灯管理信息系统

路灯管理信息系统在建立路灯基础信息库的基础上,提供线路管理、设备管理、日常管理、运行三遥管理、规划管理、线路事故分析、配电设施数据辅助分析以及报表管理等功能,实现路灯管网管理规范化、自动化、科学化。

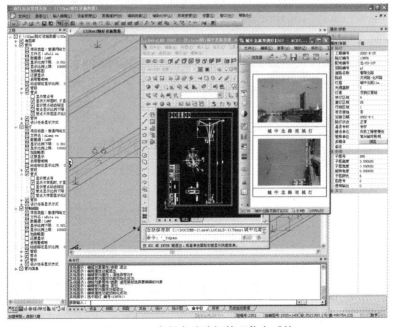

图 7-26　常州市政路灯管理信息系统

5. 道路桥梁管理系统

紧密结合道路桥梁业务流程,以城市路网基础信息库、桥梁基础信息库、地形基础信息库为基础,提供工程评估、拆迁分析、历史数据管理、道路密度计算、工程控制与管理、道桥养护管理等工具,为市政道路与桥梁管理部门提供快速、准确的信息服务。

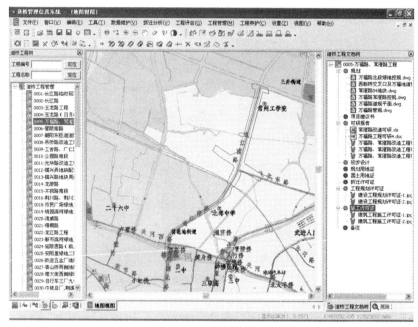

图 7-27 常州市政道路桥梁管理系统

6. 公交管理地理信息系统

整合城市的基础空间数据库和公交信息数据库,实现对基础地形图管理、线网查询统计、线路自动生成、运行状况分析、换乘方案分析、现状线网评估以及打印输出、信息发布等功能,为制定城市交通发展战略提供公共交通信息服务。

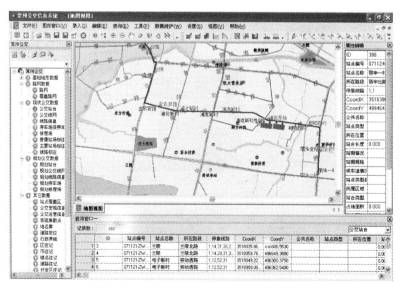

图 7-28 常州市政公交管理地理信息系统

7. 园林绿化地理信息系统

采用地理信息系统、计算机、三维虚拟仿真、数据库、高速宽带网等高新技术，通过整合基础空间数据库和园林绿化信息数据库，以可视化的方式表现社会绿化、古树名木、公园、风景名胜区等信息，并对园林绿化情况进行综合评价，提高业务水平和管理效率。

图 7-29　常州市政园林绿化地理信息系统

8. 市政公用基础设施综合管理系统

实现供水、排水、燃气、道路、桥梁、公交、园林绿化、路灯等市政公用基础设施的综合集成管理，提供设施浏览、查询统计、打印输出等信息服务，实现市政综合管理部门和权属单位的统一日常办公、设施的统计分析，构建地上、地面、地下设施三维景观，并建立完善的业务协同和服务体系，提高行业的监管和服务水平。

图 7-30　常州市政公用基础设施综合管理系统

7.4 北京市数字市政管理服务系统

7.4.1 项目背景

随着城市国际化进程的推进，北京市的城市管理手段、机制也随之不断发展。1999年，刘淇市长提出了"数字北京"的概念。"数字北京"是以基础设施的空间数据为基础，以信息网络为平台，对北京的信息资源进行统一组织和有效的管理并应用于北京的城市规划、运行、监控和管理等方面，致力于提高城市管理的效率和水平，优化城市资源的配置，从而促进城市的可持续发展。

从1998年至今，北京市市政市容管理委员会（简称"市政市容委"）信息化走过了起步期、发展期、快速发展期，建立了北京市市级网格化城市管理系统、城市运行监测系统、市级地下管线综合管理系统、北京市市政业务综合管理信息系统、办公系统等若干重要信息系统。这些系统的投入使用，在北京市城市市政公用基础设施运行、公用事业、环境卫生和城市市容环境保障等方面发挥了重要作用，有效提高了北京市城市综合管理水平与公共服务能力，为奥运保障和城市日常管理起了重要作用，整体上提高了城市公共管理与服务水平。"数字市政"已经成为北京市城市数字化的基础支撑与重要标志。

北京市"数字市政"系统坚持以市政市容信息化带动北京城市数字化，认真组织实施市政市容信息化规划，初步形成了由基础设施、业务应用和保障环境组成的市政市容信息化综合体系。市政市容日常业务以信息化手段为依托，在线数据量快速增长，应用系统数量迅速增加，市政市容信息化综合体系基本形成。奥运后，北京市市政市容委开始着手考虑解决已建系统的整合问题，市政市容信息化发展从重点推进基础设施和基本业务应用建设阶段逐步进入"夯实基础设施、推进资源整合，坚持需求牵引、提升应用水平，注重运行维护、确保安全应用，强化行业管理、促进平衡发展"的全方位、多层次协同推进的新阶段。

7.4.2 工程概况

作为"数字北京"的重要组成部分，"数字市政"建设提供了一种全新的城市市政管理手段。它在处理日益复杂的城市运行系统问题时，提供了一个基于地理信息系统的城市运行管理系统和决策支持系统，能有效地帮助人们更好地建立起全局观念，最大限度地预测城市运行的变化。

北京"数字市政"的全称是"数字市政管理服务系统"。系统本着投资少、见效快、创一流、统一规划、资源共享和分步实施的原则，充分整合供水、供气、供热、排水、环卫、电力、通信等方面的资源，构建以地理信息系统为平台的资源管理信息系统。系统可作为北京非紧急救助、应急指挥、领导决策、信息资源服务等系统的支撑分系统，旨在提高全市的市政管理水平，并在"数字北京"整个大系统中起到重要的纽带作用。

7.4.3 设计思想

数字市政管理服务系统的总体建设思路是：着力做到"从局部单一发展向整体全面推

进转变、从信息技术驱动向应用需求带动转变、从信息资源分散使用向共享利用转变、从片面强调建设向建设与管理并重转变、从满足日常需求向提升综合决策支撑能力和确保安全转变"的"五个转变",引领北京市政管理与服务向着精细化、智能化方向发展。

1. 从局部单一发展向整体全面推进转变

信息化建设初期,为了满足局部工作和部门业务的需要,单一局部的市政市容信息化发展是适宜的,但同时也带来了技术异构、信息分割等弊端。随着社会的进步和市政市容管理方式的转变,对市政市容业务应用的一体化、全局化及市政市容信息服务的公开化、社会化要求越来越高。这就决定了市政市容信息化必须实行"一盘棋"的全面整体发展战略,综合考虑北京市信息化发展要求和市政市容事业发展需求,统筹信息化发展布局,协调不同业务领域的信息化建设,重视现代城市管理的信息化需求,实行统一规划,建立市政市容委信息化建设、运维标准,实施顶层设计,区分轻重缓急,有步骤、有计划、有层次地推进市政市容信息化建设。

2. 从信息技术驱动向应用需求带动转变

信息技术的快速发展,促进了市政市容信息化建设水平的不断提高,同时也出现了为信息化而信息化、不考虑信息技术更新周期短的特点、盲目追求高标准和套用先进技术的现象,既加大了建设投资,又增加了系统复杂性,还浪费了系统资源。数字市政管理服务系统深入总结以往的经验教训,在充分利用先进技术的同时,更加注重从实际出发,紧密围绕市政市容建设、管理和改革的业务需求,建立以应用需求为导向、技术服务业务的科学发展模式,有针对性地开发先进实用的业务系统,着力突破重点领域和关键环节信息化瓶颈,确保需要一个建设一个,建成一个用好一个。

3. 从信息资源分散使用向共享利用转变

在传统管理模式中,信息和资源由各个管理部门分别管理,"信息孤岛"现象严重,信息系统的作用和效能得不到充分发挥,阻碍了信息化发展和业务应用水平提升。要采取有力措施,综合运用多种手段,打破信息资源的部门分割、地域分割与业务分割,充分考虑软硬件在不同系统间的兼容性,规范技术标准,加快系统集成,加大资源整合,加强数据共享,建设信息交换平台,对行业内部要最大程度地共享信息资源,对社会公众要最大程度地开放公共信息,实现资源优化配置,信息互联互通,政务公开透明,促进信息系统效能最大化。

4. 从片面强调建设向建、管并重转变

信息系统建设结构复杂、涉及面广,随着应用需求、客观环境的变化,需要不断进行升级完善,管理也就成为建设的延伸,这是信息系统的最大特点。在市政市容业务工作对信息化需求日益增长、市政市容信息技术广泛运用、市政市容信息系统规模不断扩大的情况下,加强信息系统管理和运行维护尤为重要。必须深入研究各类市政市容业务应用系统的特点,制定相应的管理制度和技术规范,特别是要落实运行维护经费,提高运维质量,强化日常管理,使市政市容信息系统建得成、用得好、长受益。

5. 从满足日常需求向提升综合决策支撑能力和确保安全转变

当信息基础设施发展到一定水平的时候,信息技术的应用就不能再局限于日常事务/业务的辅助处理,而是要充分发挥基础设施的效能,开发信息资源,切实发挥业务应用的作用,建立健全市政市容信息化工程后评估标准与机制,全面提升信息系统对市政市容管理工作的综合决策支撑服务能力，实现信息系统从提供工作辅助工具、提高工作效率向提升信息服务能力、提升市政市容综合决策支撑能力转变。随着综合决策支撑能力的提升，信息安全问题将更加突出。特别是在日趋严峻的网络和信息安全形势下，网络攻击、病毒入侵和信息泄密防护难度与日俱增，一旦发生安全事件就可能对正常应用甚至国家信息安全造成严重危害。因此，必须高度重视信息安全和保密，积极预防、综合防范，积极探索和把握信息化与信息安全的内在规律，根据市政市容管理工作和应用系统需要，建立科学全面的技术安全体系和严格配套的安全管理制度，切实保障网络安全、系统运行安全和信息安全，以保障市政市容信息系统服务能力的有效提升。

7.4.4 总体框架

市政市容管理信息化系统的总体框架由分层支持体系、保障支持体系和标准规范体系三部分组成。

图7-31 北京市数字市政管理服务系统总体框架

标准化和规范化是北京市市政数据中心和业务系统建设的核心，也是重要的基础性工作，是保证信息交换、共享和应用支持有效性和可行性的重要前提。在贯彻执行国家标准和行业标准的基础上，结合北京市市政数据中心建设的实际需要，建立"数字市政"系统建设的总体规划、技术标准、管理规范及信息安全体系。

安全保障体系是涉及系统各个层面的完整的安全技术和措施，为整个系统提供鉴别、访问控制、抗抵赖和数据的机密性、完整性、可用性、可控性等安全服务，形成集防护、检测、响应、恢复于一体的安全防护体系，是贯穿系统设计到运行全过程的保障体系，包括各个业务应用的系统维护管理及网络安全管理等。信息系统等级保护建设总体的安全目标是：建设一个覆盖全面、重点突出、持续运行的等级化信息安全保障体系，全面识别业务系统在技术层面和管理层面存在的不足和差距，充分借鉴国内外信息安全实践和成熟的理论模型，设计合理的安全管理措施和技术措施，建立起科学的结构化的信息安全保障框架，保证业务系统长期稳定运行，并不断完善和发展，以适应不断扩展的业务应用和管理需求。

分层支持体系主要包括中间的五层，从下至上分别是基础设施层、资源层、应用支撑层、业务应用层和界面展现层。体系结构层层支撑，使整个"数字市政"系统可靠运行，实现一体化管理。

1. 基础设施层。为各类应用提供基础的支撑环境，包括网络设备、主机设备以及操作系统、数据库管理系统、安全设施等在内的基础系统软件。

2. 资源层。收集分散于各部门、单位的已有市政数据，进行市政数据资源整合、补充与完善，建设一批公用基础数据库，依托各业务应用系统建设，整合与建设各专业数据库。基础数据库的整合与建设包括市政空间数据库、网格数据库、市政基本信息数据库、市政法规政策标准数据库和市政行政管理基本信息库等。专业数据库的整合与建设包括燃气、供热、加油加气站、环卫监督、垃圾管理、户外广告等。

按照"一数一源"的原则，充分利用和整合现有数据库信息资源，建设基础数据库和专业数据库，形成全市市政数据中心平台。

3. 应用支撑层。应用支撑平台为"数字市政"系统建设提供一系列的工具和统一的基础构件，包括数据质量评比、数据质量报告、数据库服务监控管理、在线服务配置管理、高级日志管理、运行情况统计、用户管理、CA 认证、内容管理、GIS 服务、运行管理等功能，使得应用开发者能够比较快速地建立和修改上层的业务应用。

4. 业务应用层。是在应用支撑层之上，通过使用应用支撑层提供的工具和通用构件实现的业务应用功能。

5. 界面展现层。即"数字市政"综合服务门户，通过门户来实现对应用的访问，统一集成所有办公业务和信息服务，为用户提供全部应用的统一入口，同时结合权限控制，对不同人员看到的内容实现个性化信息服务。

7.4.5 建设目标

北京数字市政管理服务系统建设的总体目标是：坚持统筹规划，实施顶层设计，强化资源整合，促进信息共享，完善管理体制。在全市范围内基本形成市政市容信息采集与监控综合体系、资源共享服务和信息综合应用体系，建成高效安全适用的信息系统运行环境，建立健全的信息化行业行政管理和技术推进与保障体系，大力推进信息化城市管理平台建设，全面提升信息技术对城市管理日常工作及应急处理的支撑与服务能力。

系统的核心是信息化城市管理平台，并在此平台的基础上，充分整合现有市政基础资源（供水、排水、供气、供热等），重点开发城市运行监测、市级市政管理指挥系统和各管理子系统，初步实现多种通信手段融合的，集监控、应急、指挥、管理、服务等功能于一体的数字市政管理服务系统，基本满足和实现日常市政业务的可视化管理，对重大安全事故和突发事件能进行初步的实时监控、指挥、评估和应急处理，为管理部门提供科学的辅助决策手段，从而最终实现市政管理手段现代化，提高整个城市的管理水平、服务于社会。

通过数字市政管理服务系统的建设与应用，梳理市政市容委应用需求和业务要求，建立和完善统一技术架构和标准规范，统一规划数据资源和应用系统，建立起以市政市容应用为基础、综合信息管理为纽带的政务工作平台，全面推进市政市容委政务应用建设，实现市政市容委区县市政市容管理门之间、不同应用系统之间的互联互通、信息共享和业务协同，为行业监管、综合协调、辅助决策及公众服务提供支撑，提高行政效率，促进政府职能转变，加强政府监管能力，提升公共服务水平，从而加快实现办公自动化、政务公开化、管理一体化和决策科学化，提升市政市容信息化整体水平。

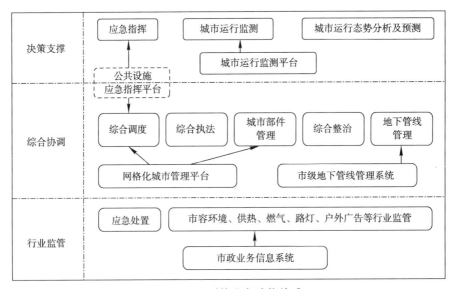

图 7-32 系统业务功能关系

7.4.6 建设内容

从系统结构上看，"数字市政"是要搭建一个具有综合服务功能的城市管理平台，在此基础上，根据城市管理的行业不同，建立如下子系统：网格化城市系统、城市运行监测系统、地下管线综合管理系统、市政公用基础设施应急指挥系统、扫雪铲冰指挥调度系统、市政业务管理信息系统等。系统分别服务于不同业务部门，通过上述系统的实施，为"数字市政"总体目标的实现奠定坚实的基础。

1. 信息化城市管理平台

为达到"数字市政"体系建设的总体目标，建设信息化城市管理平台，稳步推进运行环境建设、应用系统建设、数据建设和管理模式建设，建立科学的数字化市政管理运行平台，制定合理运行程序，切实实施数字化市政管理模式，构建市政运行的集中管理、安全监测、业务管理、应急指挥、领导决策平台，保障市政公用基础设施安全、稳定运行。

1）基础设施

随着信息系统不断的建设，信息系统的软硬件设备越来越多，本着"经济实效、充分利用"的原则，充分利用市政市容委现有软硬件资源为信息化建设服务，统一规划IT基础环境，搭建具有可扩展、灵活管理、架构开发的运行环境，主要包括网络设施、数据库服务器、数据库管理系统、操作系统软件、存储备份设备与基础软件等。

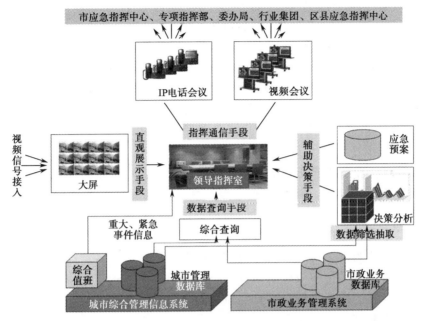

图 7-33 市政指挥中心系统总体架构

指挥中心系统包括以下五个部分：

（1）大屏幕显示系统，用于在同一窗口综合展示各类信息。
（2）视频会议系统，用于市领导与各委办局及权属单位的视频联系。
（3）视频监控系统，用于道路的监控和巡查车的视频监控。
（4）集成控制台系统，集成各类通信设备，实现一键式呼叫、信息群发等。
（5）决策会商系统，为综合指挥调度提供信息支持。

2）数据中心

为城市管理应用提供统一的数据资源环境和应用服务平台，建成先进实用、安全可靠，集基础性、全局性信息资源存储管理、共享与交换、应用服务等功能于一体，汇集内容丰富的数据资源并形成可靠、完整数据更新维护机制，具备严格的数据标准体系和完善的管理体系的数据中心。通过对不同数据格式的统一转换实现不同单位之间的对接，以及市、区两级平台、权属单位等之间的数据传输和数据共享。围绕决策支持、应急管理等工作，辅助领导部门的决策、执行、监督，提供跨部门、跨系统、跨地域的信息资源库建设，作为数据中心重要组成部分，实现各类信息资源的互联互通，充分利用空间数据成果，为领导机构提供指挥管理服务。

3）应用支撑环境

以满足实际需求，提升业务支撑能力为目的，利用虚拟化技术、负载均衡技术建立统一应用系统部署平台，在保障系统可扩展性的基础上，选择实用先进的信息技术，建立可配置、易扩充和能演化的系统，注重实用、好用够用，确保系统尽快发挥效益。围绕市政市容各业务部门的应用需求进行统筹规划与建设，以提高各单位的综合服务能力为核心，重点强化完善已建应用系统，加快未建系统建设速度，实现业务及流程的整合与重组，推动互联互通和信息共享，支持部门间业务协同。

4）统一门户

构建市政市容委业务门户，包括政务网门户、互联网门户，实现市市政市容委相关系统从门户、应用到数据的多级整合与综合应用，通过统一的平台实现统一的内容服务。实现统一用户管理、统一授权和统一内容管理，集成业务系统，统一展示业务系统的核心业务信息，实现深层次的信息共享整合，便于从整体上把握各系统的业务开展情况，方便市政市容委各级人员使用系统。实现政务公开、信息发布、在线办事和公众参与，在做好市政管理和服务工作的同时保障公民的知情权，接受公众监督，为提高政府部门的服务水平和工作效率，加强政府与公众的沟通和联系发挥重要作用。

5）网格化城市管理

网格化城市管理系统依托北京市宽带城域网，按照北京市电子政务总体规划的要求，采用统一的技术体系，初步挖掘、整合和利用现有城市管理资源和各种应用系统，开发建设城市管理业务工作需要的与相关部门的对接系统、指挥中心系统、城市综合管理信息系统等应用系统；初步建成全市城市管理信息展示、交换和共享的中心以及城市管理事件的市级处置中心；提供与区级平台、城市管理相关委办局、市属责任单位、市政府信息平台和市应急指挥中心的接口以及实现与相应系统的对接，完成现有城市管理资源的挖掘、整合，充实城市管理数据库；为最终实现城市管理的信息化和标准化奠定基础。

6）城市运行监测

系统以满足 2008 年奥运会和日常城市运行指挥的总体需要为基点，以"城市运行体征总体监控、城市运行管理问题综合协调"为主线，借鉴 C3I 系统理论和技术体系，基于信息化城市管理平台已建的网络及大屏等基础设施进行有效扩展，建设城市运行监测系统、运行保障服务系统、领导 PDA 掌上应用系统、值班管理系统等，与各相关专业指挥系统和区县指挥系统一起，构成城市运行指挥体系，建设"统一指挥、覆盖全面、反应灵敏、沟通顺畅、运转高效"的城市运行监测指挥系统。

2. 地下管线综合管理信息系统

建设市级地下管线综合数据库，汇集分散在供水、排水、燃气、热力、电信、电力、路灯等地下管线各权属单位的各类专业管线基础信息数据，叠加到北京市基础电子地图上，形成综合地下管线图，实现对地下管线分种类、分地域的浏览、查询、统计，以及截面浏览、查询、打印出图等功能，为城市规划、建设、运行管理和应急抢险工作中发挥技术作用。

3. 应急事件处置联动指挥系统

地下管线是城市的"血脉"和"生命线"，是城市基础设施的重要组成部分，其安全、稳定运营是城市建设、运行的重要前提。然而，在城市的实际运行中，不可避免会发生地下管线事故，给城市的正常运行带来较大危害，对人民生活造成重大经济损失。

基于突发事件生命周期（事前、事中、事后）理论，研究建设北京市地下管线突发事件领导决策支持系统，为领导在地下管线突发事件决策过程中提供事前、事中、事后的决策信息。

4. 扫雪铲冰指挥调度系统

按照"提前预防、充分准备、周密部署、快速反应、协调联动、果断处置"的原则，开展扫雪铲冰应急处置工作，增强雪天道路交通应急保障能力，根据气象部门预警启动预案，做到利用数字化手段雪前组织好设备和人员，雪中保障道路具备畅通条件，雪后保持城市市容环境清新整洁。扫雪铲冰管理主要包括责任区分配、责任人管理、机动车管理以及机动车 GPS 监控调配。

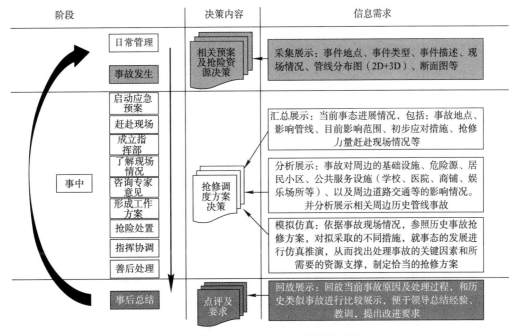

图 7-34　应急时间处置联动指挥系统

5. 市政市容业务管理系统

通过构建覆盖城市市政市容管理业务的主要信息系统，加强所属责任企业的规范管理和有效监管，为城市综合管理和调度指挥提供业务支撑和数据支撑，提高响应和快速处置城市管理问题的能力。

1）构建城市管理综合信息采集体系，建立城市基础设施资源数据库系统，摸清城市管理资源"家底"，为城市管理提供基础数据；

2）对行业企业的日常运行、经营、服务情况进行监管，并进行有效的监督和评价；

3）为公众提供 7×24 小时服务，提高公众对城市管理的满意度；

4）为城市管理决策提供及时、准确、科学的信息。

系统包括：市政公用基础设施资源系统；加油加气站管理信息系统；燃气管理信息系统；供热管理信息系统；环卫管理信息系统；户外广告管理信息系统；小卫星数据服务系统。

系统建设内容：

1）市政公用基础设施资源系统

建设市政公用基础设施现状和运行维护情况数据库，结合地理信息技术，实现设施资源图形化管理；各业务处室、行业单位通过系统上报运行管理数据，系统自动生成各类报表，为领导决策和行业管理提供决策依据；实现对以下几类设施信息进行管理：供热、燃气、环卫、户外广告、加油（气）站、地下管线及其附属设施。通过系统掌握几类市政公用基础设施数量、分布情况、管理情况、运维情况，对比几类设施的历史变化情况，并且根据历史变化情况确定今后发展方向，为领导决策提供参考，实现市政基础信息统计的规范化、自动化、准确化。

2）加油加气站管理信息系统

建设加油（气）站台账数据库，结合地理信息技术，建立查询统计加油（气）站的数量和分布功能，统计分析特定区域内、特定类别加油（气）站数量、分布功能等，通过地图和属性表格等方式，掌握全市加油（气）站的数量、分布、基本属性信息、资质信息，为管理加油（气）站提供支撑，为加油（气）站相关事宜的处理提供全面信息，以得到更及时、更准确的分析信息，及时掌握油（气）提供状态，从而为加油（气）站的油（气）的供给提供保障。

3）燃气管理信息系统

建设全市燃气企业的基本情况、投诉情况、隐患情况、企业信誉情况、协调记事情况数据库，结合地理信息技术，建立燃气企业各专题查询统计功能；实现对重大燃气项目管理，以及对燃气用户的管理分析；对燃气行业的所有政策、文件、行业数据统一管理，形成行业知识库，为政府管理工作提供辅助支持。

4）供热管理信息系统

建设供热基础数据库和 GIS 图层，通过地图显示各类供热基础数据，供热管理部门可以全面、实时、直观掌握北京市供热信息的第一手资料，为供热行业管理和领导决策提供真实、科学、及时的供热运行管理数据；完善供热服务热线，通过供热热线为市民提供 7×24 小时服务，提高市民对城市供热的满意度，为城市制定供热发展目标、优化调整能源结构、落实节能措施提供可靠、翔实的科学依据。

5）环卫管理信息系统

建设环卫设施基础数据库，对环卫设施资源数据进行有效管理。建立环卫设施运行状况、环境卫生情况等业务数据的上报流程，为全面掌握设施运行、环境卫生情况提供全面的数据支持。提供灵活多样的环卫设施业务数据统计分析功能，为领导了解城市环卫设施运行状态以及发展趋势提供有效的数据支持。

6）户外广告管理系统

建设市管道路户外广告基础数据库，使用电子地图对户外广告分布情况进行直观展示，按照户外广告规划方案对市管道路户外广告的分布、经营、改造、拆除情况进行管理，提供灵活多样的户外广告业务数据统计分析功能。

7）小卫星数据服务系统

通过及时提供各类遥感专题数据及各项业务的卫星专题分析图和专题分析报告，为各业务提供直观、快捷便利的遥感数据支持，对于市政业务进行不同时段的比较和分析，为市政业务决策提供快捷、直观、科学、有效的辅助手段。

6. 运维服务系统

树立面向业务服务的运维服务管理理念，建立科学合理的绩效考核指标，实行集中统一的运维服务管理模式，由分散管理向集中管理转变；建立统一、高效、灵敏的运维服务管理平台，由无序服务向有序服务转变；建立规范标准的运维服务管理流程，由职能管理向流程管理转变；应用先进、实用、高效的运维服务管理工具，由被动管理向主动管理转变；探索系统建设、运维的新的工作模式，利用社会资源，从整体上优化信息化系统运维的服务内容和方式。

具体而言，建立统一的运行维护、客户服务模式和规范，建立高效的统一运维服务管理平台。在统一运维服务管理平台上对运维工作中的资产、监控、流程、安全、综合分析以及外包等方面实现统一管理，主动对网络和应用系统进行定期巡检和实时监控，及时发现隐患并排除，充分实现对整个系统的性能、故障、配置信息的了解和掌控，满足市政市容委应用系统的业务运行需要，提高信息资源的开发应用水平，全面提升市政市容委信息中心系统运维管理能力。

7.4.7 建设效益

新经济和计算机网络、无线通信以及卫星技术的发展，为城市的信息化建设提供了有利条件。城市市政管理模式的概念也发生了变化，突击式管理向长效管理转变，事务型管理向环境效益型管理转变，传统手段向现代化管理手段转变，数字市政的实施，将加速城市管理的现代化，增强城市核心竞争力，规范市政管理和服务，带来明显的经济和社会效益，主要表现在如下几个方面：

1. 提高市政管理的运作效率，降低运作成本

实施数字市政可以提高市政管理单位的运作效率，有效降低整体成本，从传统的城市管理运作来看，市政管理服务范围越大，管理成本就越高，而效率越低。实现数据共享、避免重复投资是"数字市政"建设主要的初发点之一。

数字市政将提高北京市政市容委的工作效率和整个北京市的城市综合管理水平。例如，通过多种手段采集的实时数据可以被多个处室调用，管理人员可以及时发现路面损毁、道路遗撒以及井盖、路灯等问题。资料的电子化将具体业务完全简化，大大节约人力资源、减少重复工作，提高工作效率。

2. 加强监管，确保公众利益

通过实施数字市政，可以为市政市容委加强对行业的监管力度提供有力的手段。实施数字市政后，城市管理问题的处理过程、处理时间、处理结果、处理依据，对于上级领导、市政市容委的工作人员来说都是可知的，因而实现了市政市容委业务管理的公开化、透明化。例如，通过 GPS 全球定位系统，对车辆进行定位跟踪，可以对车辆进行全局控制，方便计算垃圾车等的工作量，为加强市场监管、最大限度地保护公众利益提供有力的保障。

3. 改善服务、提升政府形象

通过实施数字市政，可提高为公众服务的水平，全面提升政府形象。数字市政使市政市容委从被动服务转变为主动服务，可以实现相关信息和业务处理流程的公开化。

第8章 数字供水

城市供水是城市发展的命脉产业,是保证人民生活质量、发展生产建设必不可少的物质基础。由于水的不可替代性,供水问题往往成为一个城市发展的根本性制约因素,城市水供应作为现代城市的重要基础设施,对各行各业的发展都起着举足轻重的作用,对整个城市的发展有着至关重要的意义。

近年来,随着水务设施的不断完善,政府工作方式转变,数字供水已经不再是理论上的概念,而是在很多城市如火如荼开展起来。它们的建设经验为我国数字水务的行业探索提供了宝贵的现实依据。目前,全国有80%以上的副省级城市已开展数字供水相关系统建设。为加强行业安全管理,建立长效设施运行运营监管机制,北京、上海、济南、长春、广州、常州等城市先后开展了数字供水工程建设,通过科学实施和长期实践,已经形成了一些较为完善的水务信息化系统,提高了水务行业管理水平、服务质量与决策能力。

8.1 数字供水的背景

从总体上看,我国城市供水已经由主要依靠自备水源供水转变到主要依靠公共供水,由主要向生产运营提供用水服务转变到主要向城市生活提供服务。从总体上看,全国城市供水设施能力基本可以满足城市用水的需求,但同时也存在不少问题。

1. 水资源短缺,水环境污染形势加剧

我国水资源匮乏,人均占有量低,空间和地域上分布不均匀,年际和季节变化大。近几年来随着城市的发展,城市供水水源短缺的情况又开始出现,并且有从地区性城市缺水向全国性城市缺水演化的趋势。在全国供水设施能力总体上基本解决的情况下,城市缺水的主要矛盾是水资源短缺。

2. 供水设施区域建设不平衡

近几十年来,城市供水设施投资不断增长,设施能力大幅度提高,但地区间不平衡,不同规模城市间发展也不平衡,例如东部城市供水设施普及率较完善,西部城市落后;大城市、超大城市较完善,而中小城市尚不完善。供水管网的建设不配套,使得公共供水设施利用率偏低。

3. 供水管网漏损率控制以及安全运行受到高度重视

我国供水管网的供水漏损问题一直比较突出,这不仅造成水源的浪费,还增加了供水成本,减低了用水效率,同时也造成了管网的二次污染,影响供水水质。有的城市对供水管网的安全运行重视不够,爆管事故时有发生,这已经成为我国城市供水系统安全运行的主要问题之一。

4. 自动化和信息化技术的应用相对滞后

在信息化技术方面,硬件设备安装较多,软件应用较少;简单的单项应用较多,协同管理系统较少，决策支持系统基本空白。目前我国大多数的供水企业中，GIS 系统和 SCADA 系统已经有了比较普遍的应用，但专业分析功能都比较欠缺，系统仅仅提供了管网的地理特征，缺少网络分析、动态模拟和优化分析等专业功能，欠缺对城市供水安全运行、优质服务的科学决策支持，对突发性事故的应急能力非常有限。

5. 供水水质检测技术水平仍需加强

目前部分供水企业配置了较先进的水质检测仪器设备，但仍有相当数量的企业尚不具备国家规划要求的 88 项检测能力，并且大部分是沿用手工检测的落后工作方式，在实现在线水质监测、自动报警等信息化方面做的还很不完善。

8.2 数字供水的概念

为了提高供水服务质量，满足社会生产和人民生活对供水服务的质量要求，各供水企业不断通过制度改革、技术革新等手段来提高供水质量，其中自动化和信息化是供水产业技术革新的重要环节。20 世纪末建设部制定《城市供水行业 2000 年技术进步发展规划》（简称"规划 2000"），自动化在供水行业受到了普遍的重视，供水行业也投入了大量的专项资金。为了指导我国城市供水事业的发展，建设部和中国城镇供水协会制定了《供水行业 2010 年技术进步发展规划和 2020 年远景目标》，其中将自动化和信息化作为一个专项课题进行研究。

我国城市供水企业从 20 世纪 90 年代初期就不同程度地开始致力于管理信息系统的建设，在长期的探索、开发和应用过程中，积累了丰富的建设经验，企业信息化的水平不断提高。目前我国大型的水厂几乎都已改造或新建了各类信息化系统，例如建立了 SCADA（数据采集与监视控制）系统，应用 GIS 系统对管网进行管理，同时进行了大量的管网建模方面的研究，取得了良好的效果，但缺乏有效的整合和深化应用。"数字供水"的概念正是基于这种背景产生的。"数字供水"是现代供水技术的重要标志之一，涉及供水行业的供水设施管理、生产安全、优化调度、营销计费、客户服务等业务领域。

"数字供水"是将计算机技术、3S 技术、物联网技术、数据仓库、智能预测与控制技术有机地结合起来，构建城市供水业务管理系统群，实时地对供水系统进行数据采集与控制，实现对水厂制水、生产调度、供水监测、供水营销、客户服务、综合办公等供水业务的科学化管理，实现对供水设施的全面、动态化管理，实时监控管网关键点，自动预警，辅助爆管事故处理，达到城市供水行业管理精细化、服务标准化的要求。"数字供水"不仅有助于提高城市供水人员的工作效率，而且能够提高调度决策和判断的准确性与可靠性，为各级管理人员提供调度决策上的有力支持。

8.3 数字供水的应用服务及实现手段

在"数字供水"的实践中，可综合利用物联网、3S 技术、云计算等高新技术手段，按照统一的数据标准和技术规范体系，以 GIS 技术和信息管理技术等为核心，以分布式空间数据管理、数据融合管网末端感知为技术手段，集合系统安全和人工智能等当前先进技术，同时着手于供水管网的管理、安全生产、水质监测、智能调度、水力模型、移动抢险、客户关系等方面，实现供水管网信息的整合、共享、更新、管理、分析和辅助等功能，构筑一整套完整的"数字供水"系统。

1. 供水设施管理

供水设施管理是对城市供水管线"数字供水"的集中体现，利用物探、测绘、计算机、GIS、网络、数据库等技术，把供水管线信息以数字的形式获取、存储、编辑、查询、统计、分析、输出、发布，为"数字供水"建设与发展提供准确的综合管线基础资料。通过对供水管线的整体把握，不仅可以迅速了解当前城市供水管网的部署情况，而且也可以较为迅速地为城市供水管网的一般问题作出快速反应和决策。

供水设施的巡查主要是对供水设施的地上部分，如井盖、消防栓、公园绿地等公共服务区水管等进行检查保护，并通过地上部分设施的运转情况判读地下供水管网的运行是否正常。城市供水管线复杂，阀门井多，井盖丢失、破损、管线爆裂的情况时有发生，这对正常的城市秩序和居民生活会造成不良的影响。因此，定期对供水设施进行巡查是十分必要的。

供水巡查系统分为服务器端系统和客户端系统。客户端系统设备采用 PDA 移动终端。由于供水设施巡查人员主要进行外业作业，为了方便供水设施维护人员的工作，系统为外业施工维护人员提供手持 PDA 设备。手持 PDA 设备具有体积小、便于携带并且可以远程与服务器数据交换等优点，在外业施工中越来越被广泛使用。

2. 应急抢险

供水应急抢险是指城市供水发生应急事故时，企业领导对事故进行处置和统一指挥调度，必要时将应急事件上报市政公用局。供水应急抢险系统依托供水企业指挥调度中心及配套设施，在指挥调度中心实现应急现场画面的快速接入、远程指挥、视频会商，配合危机管理的全过程，应用信息技术实现跨专业和部门的信息资源、处理资源和通信资源的实时调度。依托企业数据中心，从其他各系统提供数据和功能支持，获取企业资源数据和供水全程运行状况，为领导指挥调度提供全方位的支撑。

供水应急抢险系统着眼于城市供水运行的安全管理，着手于供水设施不同时段运行阶段的监测监控，加强供水感知、信息共享和智能分析能力，有效提高城市供水安全运行动态监控、智能预判以及突发事件现场感知和快速反应能力。

系统利用主干管网、压力流量、用户用水量等基础数据，基于 ADO、数据引擎、GIS 组件等，搭建基础信息、动态监测、供水报警预警、综合分析等业务应用。

3. 优化调度

生产运行优化问题在供水企业中十分突出。计划的优化、调度的优化、控制的优化结合，将会给企业带来生产管理的改进，而调度的优化是整个改进的核心。结合供水企业生产管理的现状，在供水优化调度系统中实现初步的优化调度功能。

通过宏观、微观的管网水力模型相结合的方式，对漏损、水量预测进行模型计算，提供相应的优化调度分析手段，并为应急事件提供有效的信息支持，实现减少水资源浪费与能源消耗、节能减排的目标。

优化调度系统主要的功能模块有漏损控制管理、水量预测管理、水力模型管理、模拟调度分析、应急事件分析等。

4. 营销计费

供水营销管理是一项极其繁琐、复杂的工作，需要非常高的准确性和及时性。为了使供水企业能够合理、及时、准确地计量收费，堵塞漏洞，必须建立现代化的管理理念和工具，向营销管理要效益。供水收费管理系统开发出了一套以营销管理为核心，协同客户服务、报装管理、绩效考核、办公自动化、户表管理等的统一平台，为营销管理水平的提升提供了有力的技术支持，实现了营销工作信息互通、资源共享的信息化管理。

5. 服务质量监管

供水客户管理系统是以统一的基于空间的客户信息为基础，多业务部门协同工作，与局级 12319 实现上下级联动的供水服务系统。客服中心是服务受理的中心平台，可以接收局级 12319 派转的信息，接收客户通过营业网点和供水热线反映的咨询、服务投诉、维修需求、应急事件等服务信息，对这些信息进行登记后形成工单，系统自动关联历史记录、缴费记录、维修记录等，提高服务效率和质量。按照业务的不同会自动采用不同的处理流程进行流转，并将处理的全过程进行记录，处理结束后支持对用户进行回访，最终形成完整的客户服务数据库。

评测打分系统通过对用户名、地址、电话、给水号、合同号等客户信息的多维度组合式查询，跟踪评测包括用户基本信息、缴费情况、用量信息、投诉处理记录、电话回访记录等。针对服务改进提供综合性的统计分析（投诉频率查询分析、工单服务事项办结率查询分析等），并结合用户的意见进行评测打分。

基于空间信息，可以在 GIS 平台上直观展现，满足网格化管理的要求，对大用户、敏感用户、重点用户等实现分类快速定位与服务。

8.4　示范工程介绍

目前我国的供水信息化程度地区间发展不平衡，东部地区发展较快，而中西部地区相对滞后。在"数字供水"领域探索较早，实施范围较大的成功案例主要集中在东部沿海经济发达地区。下面以济南市为典型案例为读者介绍"数字供水"成功实施的具体情况。

8.4.1　项目背景

济南市水务集团（以下简称"水务集团"）是以供水服务为主的国有大型企业，现隶属于济南市市政公用事业局。公司成立于 1936 年，前身是济南市自来水公司，具有 76 年发展历史。

水务集团根据济南市"数字市政"的整体要求，于 2008 年开始进行"数字供水"的前期数据普查工作。到 2011 年底为止，水务集团已经完成 2200 公里的供水地下管网信息普查工作，并已经将全部信息整理入库，建立了比较完善的地下供水管网数据库，为系统的建设提供了坚实的数据支持。

济南数字水务采用"水务行业一体化"设计思想和"自顶向下"的设计方法，实现水务公用地上、地下基础设施的数字化和智能化管理，在统一搭建的"数字供水"调度指挥平台、上下联动的供水管理运行体系基础上，全力推进供水信息化系统的规划、建设和应用，构筑起以信息数字化、传输网络化、应用普及化为标志的"数字供水"基本框架，全面提升公司的安全供水、应急处置和标准化服务能力，以最小的资金投入和最高效的信息共享机制，实现全市水务各行业的以安全为前提的统一管理、调度和服务。

同时，基于物联网技术，采用科技创新手段对供水设施运行进行实时监测和监控，并将分布在各专项业务系统的独立运行运营的业务数据按照统一的数据标准和业务流程规则，集成汇总到统一的中央数据仓库中，有效管理并动态集成城市水务运行运营数据，为水务全行业管理和规划提供决策依据。

项目的建设充分利用了 3S 技术、物联网技术等最新的成果，紧密结合行业管理的业务流程，以全过程信息化的指导思想，建立包含生产运营、供水管网、Web 信息发布、服务营销、综合管理的综合系统，达成各系统在数据和功能上的统一和共享，实现地下管线规划、建设、管理业务的信息化、科学化和规范化。

8.4.2 总体框架

"十二五"期间，济南水务信息化建设为"自顶向下"的五层总体框架，分别为指挥调度层、业务应用层、支撑层、数据层、硬件层。

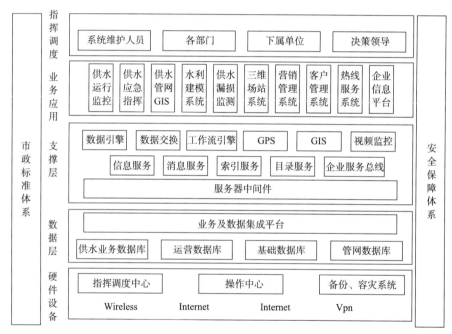

图 8-1　数字供水总体框架

1. 指挥调度层

对日常性生产运营管理调度、突发事件处置和对应急资源指挥调度功能，实现跨专业和部门的信息资源、处理资源和通信资源的实时调度，指挥调度中心对企业进行统筹的综合管理。可以了解供水的整个流程的详细信息，对供水的服务、调度、管网、安全、应急等业务信息进行分析和管理，并根据分析结果进行指挥决策，使企业领导在指挥调度中心对企业各部门运营情况进行指挥调度。

2. 业务应用层

包括数字供水项目的各应用子系统。子系统分为三大业务体系，包括生产运营体系、服务营销体系、综合管理体系等内容；三大体系从数字化供水全局出发，充分利用网络、物联网技术和信息资源，进行网络整合、互联互通，加强信息资源整合与共享，实现部门业务协同。

三大管理体系通过数字化供水系统的接口共享交换数据，实现无缝连接，成为一个有机整体，为水务集团的管理提供有力的技术支持。

3. 支撑层

系统支撑层是各个部门的业务系统，包括工作流、GIS 等软件系统的功能技术支撑，它可使企业内部人员方便快捷地共享信息，高效地协同工作，可实现迅速、全方位的信息采集和信息处理，为供水的管理和决策提供科学依据。

4. 数据层

数据交换层为水业集团各业务部门提供统一的 GIS 环境、数据标准、应用服务等，重点解决分散存贮在 SCADA、营销、客服、管网等系统中不同应用类型数据的采集、管理、应用、传递和同步，并集成到企业级 GIS 中，为生产、营销、办公等企业的日常管理提供统一的实时信息服务。

5. 硬件设备层

硬件设备层包括数字供水配套环境的建设、传输网络的建立、物联网的建设、企业专网的建设等。硬件设备层通过各种远传监视设备，实时将供水设备的运行参数传递至数据层，可及时掌握系统的运行状态和负荷。同时网络平台对各类数据进行实时传输，建立有效的通信方式。硬件设备层是数字供水系统的最基础支撑。

8.4.3 建设内容

济南市数字水务建设内容概括起来为"113 工程"，即建设一个指挥调度中心、一个业务及数据集成平台和生产运营、服务营销、综合管理三大体系。

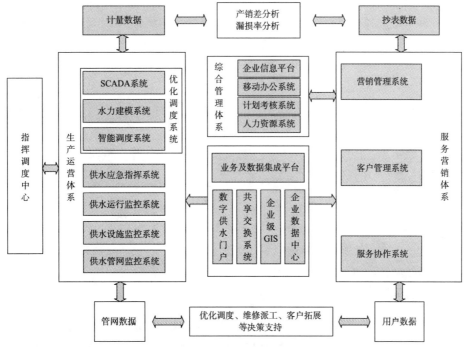

图 8-2 数字供水建设内容

1. 数字化指挥调度中心

数字化指挥调度中心作为数字水务核心枢纽，包括中心软硬件环境和中心管理平台建设。中心主要功能是作为数字水务的网络中心、数据集成和指挥调度中心。

中心采用集中分布式架构，统一全公司各业务类系统的硬件集群体系，并将目前分解配置的业务系统统一迁移到公司中心机房进行管理、维护，将相同数据库平台的服务器集中化管理，提高运行可靠性。

建设全新功能的指挥调度中心，能够提供视频、RGB、网络等多种信号接入，并能通过拼接控制器、矩阵等控制设备实现整屏、分区、分屏、跨屏、开窗、叠加、覆盖等显示功能。同时主要设备具有冗余设计，最终形成一个集多种媒体于一体的指挥调度显示平台。

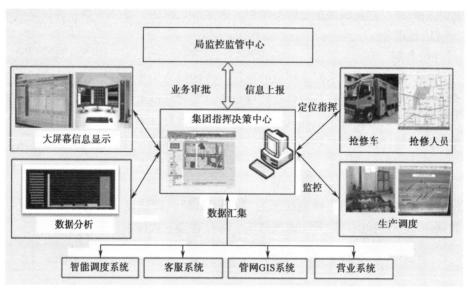

图 8-3 数字供水框架图

1) 统一的门户管理

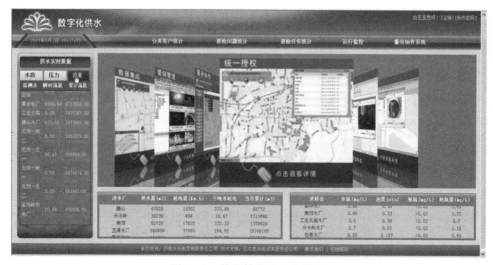

图 8-4 数字供水的门户管理

集中管理组织结构、用户登录、数据权限分配、功能权限设置，保证所管理信息在各应用系统之间的一致性、有效性，并将各系统综合信息发布管理，为企业部门提供一个简洁、易用、开放、可扩展的企业信息门户平台和电子商务运行平台。

（1）发布企业信息的通道。
（2）获取用户的各种反馈信息——用户沟通的渠道。
（3）为用户提供实时、高效的服务——客户服务的渠道。
（4）以低成本传播产品信息、扩大市场、增强销售能力——扩大企业销售渠道。
（5）宣传企业形象，扩大企业在社会上的影响力。
（6）为客户和企业员工提供信息个性化的功能。
（7）企业内部员工沟通的渠道，可借助企业门户改善企业内部员工之间的交流。

2）完善的网络架构

为保证水业集团网络设备的稳定可靠性，同时考虑到设备可管理性，系统整个网络架构主要包括中心核心网络、专网接入网络、互联网接入网络及服务器网络。水业集团网络采用网络分层、功能分区的模块化设计思想，将整个网络分为核心区、服务器区、工作区、专线接入和互联网接入区域。

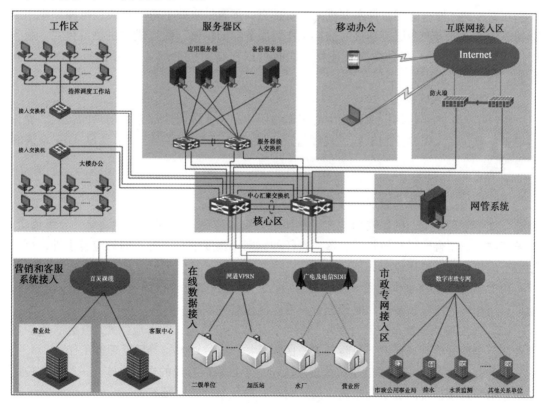

图 8-5 数字供水的网络架构

（1）核心网络描述

在核心区部署两台核心交换机作双机热备，通过两台交换设备的热备份来最大限度地保障网络核心节点的稳定性，避免单点故障。

为保证核心交换机的高速数据转发，在核心交换机上不进行多余的策略配置。

(2) 互联网接入区

建议在互联网的接入上采用运营商的双线接入，传输带宽建议采用 10M 以上光纤。在互联网接入区，部署两台防火墙（双机热备）做 NAT 转换及智能路由选择，同时对内部网络和外部网络之间的 L2—L4 的数据进行安全控制和隔离。

手持移动终端和无线数据采集设备通过运营商的 3G 网络进行接入。无线数据采集主要通过短信猫等设备通过运营商 GPRS 网络将业务数据采集并发送到供水指挥调度中心网络。

在防火墙上部署 VPN 服务，用来满足移动办公用户笔记本及 3G 手机终端的接入，从而供在外出差领导通过互联网接入中心访问内部数据，以便于进行指挥调度。

(3) 专线网络描述

专线网络在原有百灵裸缆、网通 VPRN、广电及电信 SDH 基础上，增加数字市政专网的接入，通过数字市政专网划分为不同的功能接入区域，其中包括市政公用事业局共享数据的接入、各下属单位的联网及各关系单位数据的共享。供水指挥调度中心数字市政专线采用 100M 光纤接入。

(4) 服务器区描述

在服务器区原有应用服务器基础上进行扩充，部署供水数字市政相关数据库和应用服务器，该区域部署两台服务器接入交换机作为服务器的接入，配置成双机热备模式。服务器通过双网卡分别与两台交换机连接，同时可以在交换机上配置 ACL 进行具体的访问控制。

(5) 用户接入区描述

用户接入区主要包括指挥调度中心工作站用户和水业集团内部办公用户的接入。操作台电脑主要包括大屏幕控制电脑、视频管理电脑、数字市政系统客户端及 SCADA 系统客户端等。

3) 周密的应急预案

水业集团供水工作要以保障城市供水安全为首要目标，积极开展重大事故预防工作，强化、规范管理制度，确保安全生产，集团重大事故应急工作遵循统一领导、分级负责、统筹安排、分工合作、长效管理、落实责任的原则。调度中心应对不同的应急事件，可调用数套应急预案，具体流程如下：

(1) 调度中心接到供水重大事故报告后，经核实立即报告指挥组。根据指挥组指令，立即启用相应的应急预案，同时调度有关专业队伍赶到现场。

(2) 按照应急预案组织召开现场分析会，采取相应措施，部署应急处理工作，组织各专业队伍全面开展现场保护、抢险救灾、医疗救护、事故调查、善后处理等工作。

(3) 事故发生初期，事故单位及现场人员应积极采取有效的自救措施，进行全方位的救援、抢险处理，排除险情和抢救人员、财产，防止事故的蔓延扩大。

(4) 事故发生后，事故单位主要负责人应当立即组织抢险，在抢险救援和事件调查处理期间保持和指挥组、各有关科室负责人和成员的联系，随时掌握应急处理进展情况，保障应急处理工作有序进行。

(5) 安排公司分管领导作为发言人向社会公众发布事故情况。

(6) 做好外来救援人员的接待工作。

（7）根据本次应急调度的经验，对应急预案的优劣进行评价并对预案的不足之处进行修正，同时指导各有关部门制定开展检查及演练，杜绝类似事故的再次发生。

2. 业务及数据集成平台

数据及业务集成平台对企业数据资源实行集中存储、统一管理，并通过统一的数据定义与命名规范、集中的数据环境，实现数据共享与集成应用，为企业的生产、营销、服务、调度、安全、应急等应用系统提供数据层集中服务环境，为指挥调度中心各子系统提供数据和功能支持。

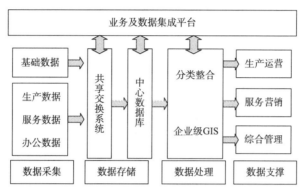

图 8-6 数字供水业务及数据集成平台

信息化平台的数据层次分为基础信息层和应用层。基础信息层主要包含信息的元数据，具有原子性。应用层数据是对基础层数据的组合或者抽取，具有复杂的网状连接关系。基础层数据通常来自于仪表、设备运行自动采集的过程，或者是对基础信息进行录入。应用层数据是建立在基础层数据上的复杂集合，是管理流程中对基础数据进行再次加工后产生的数据，包含了业务的多种特征，面向管理流程的操作控制和状态记录信息。

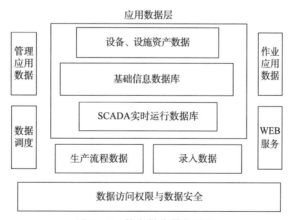

图 8-7 数字供水数据流程

1）数据采集：数据中心是水业集团和市政公用局数据共享交换的中心，通过局数据共享交换系统，公用局把基础地形数据、影像数据等共享到水业集团，水业集团将管网及设施数据、供水监测数据、服务质量数据等数据采集到数据中心。

2）数据存储：经过统一的安全策略，中心数据库将存储基础地形数据、影像数据、管网及设施数据、服务质量数据、客户数据、视频数据等，为水业集团"数字供水"项目提供统一的数据标准。

3）数据处理：实现水业集团各种数据的分类整合、模型定义、地理信息分析等数据的优化工作。

4）数据支撑：为生产运营、服务营销、综合管理等提供数据支撑。

3. 专业应用体系

三大体系包括生产运行体系、服务营销体系和综合管理体系三部分。

1）生产运行体系

济南市水务公司管辖玉清、鹊华、南郊、东郊、分水岭等五大水厂，既有地表水厂，也有地下水厂，水处理工艺、自动化程度、设备状况、供水方式等相差较大，通过信息化建设可推动水厂设备、自控、管理等的全面升级。

生产运行体系主要包括供水管网运行维护系统、供水运行监控系统、供水设施监护系统和优化调度系统。

（1）供水管网运行维护系统

将各类信息与管网空间位置相结合，以地形图为基础，直观表达管网运行状况和监控点状态，结合预测、统计、数学模型、空间分析等手段，根据经济、技术指标、实际情况，进行优化控制反馈，完成对供水管网调度各个环节的合理配置，即供水管网调度与辅助决策。

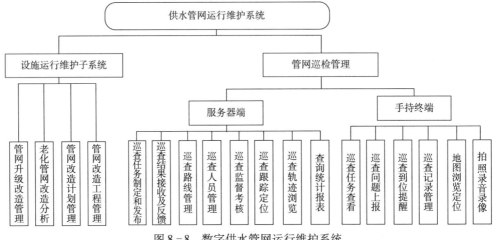

图 8-8 数字供水管网运行维护系统

①设施运行维护管理

系统包括管线维修维护管理、附属设施维修管理、闸门调整管理（含降压、停水通知）、区域考核管理，实现管网使用年限分析、升级改造计划管理、压片区改造分析，同时统计处理管网维修工单，筛选分析维修管网段的位置、老化程度、水流向等信息，为管网升级改造提供依据。

②管网巡查管理

巡查服务端指定巡查任务并将任务派发到各个巡查终端，巡查终端工作人员执行巡查任务，将巡查结果回送到巡查服务端并等待回复。巡查服务端将巡查结果统计分类汇总，并发送到指挥调度中心；指挥调度中心根据巡查结果填写报修工单，派遣维修人员对设施进行维修，维修人员完成维修后反馈结果，调度中心根据结果完成工单，并向巡查服务端反馈结果，巡查服务端接收结果并完成巡查。

（2）供水运行监控系统

对水业集团所有监测点数据例如能耗、压力、流量等监测数据综合分析，并形成日报、月报及年报；各测压点供水压力低于临界值，系统自动报警，并记录报警时间、位置及次数，形成报警报表并反馈给各供水相关单位，根据报警级别启动相应的应急预案；所有监测中采集到的数据有图表和趋势图等多种表示形式；根据供水监测数据形成调度管理方案，为供水压力调控、流量分析等提供依据；与地理信息应用系统、应急指挥决策等集成应用。

供水运行监控系统的建设目的是为了更好及科学地对管网不同时段的需水和供水状态进行监控和管理，并通过下位设备设施，采集过滤各种有效的信息给调度人员，将他们从大量模糊数据的经验分析量中解脱出来。根据系统的数据反馈及各类参考方案，更科学地进行管网的调度优化及快速反应、并根据系统反馈的各类供水设备、设施故障，调度人员及时作出维修、抢修指令，减少企业的损失。

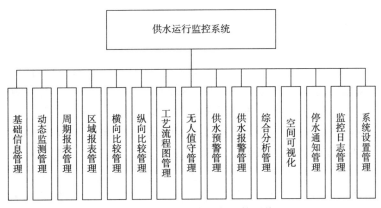

图8-9 数字供水运行监控系统

①压力监测管理

按照对厂站、干管、管网末梢、敏感区域、高低压分区及最不利点的压力控制需要，布设测压点实时监测管网压力。

获取压力监测点上实时从下位系统传输来的压力数据，使调度人员能及时发现供水压力的最新情况，对于不满足供水要求的压力点，可以通过控制加压站或二次供水进行加压，对于压力的异常变动，需要进行排查。对于非在线数据可以采用补录的方式进行数据收集传输。

根据每个测压点的设备和环境的不同，设置各个测压点的上、下限值，使各个测压点的报警界值可以更准确地反应实际情况。系统对超过限值的压力监控点进行实时报警，并集中呈报在指挥调度中心的大屏上。

②流量监测管理

在厂站电磁流量计、分区流量计、大用户流量计和总表上安装远传监测分析系统，实现对各类水量的综合统计和对比分析。

实时监控流量数据，不仅可以为企业生产提供生产目标及要求，而且可以通过流量数据，调控水厂或水源地的供水量，满足所有用户的用水要求。对于整个供水管网的用水高峰期、低峰期分别进行机组调控，有利于节约供水成本，减少资源的浪费。

③水质监测管理

获取水质监测点上实时从下位系统传输来的水质数据。调度人员可以通过这些数据，对加氯等操作进行调控，满足用户的水质要求，并且可以为管网的片区改造提供数据支持。水质检测点产生的非在线数据采用补录的方式。

为了确保用水安全，提供用水口感，使用户满意，就要更多地增加水质采样点，全面分析及监测整个供水系统的安全，水质采样点管理就是让系统把新增加的采样点放入系统中，实现统一管理。

在地图上展示水质采样点的位置和基本信息，便于系统使用人员能快速查找及浏览到该水质采样点的相关属性信息及空间位置。

(3) 供水管网漏损监测系统

城市供水管网运行一段时间后，由于设备老化等原因不可避免会发生漏损的情况。如何快速准确地定位具体的漏损位置是水业集团解决管网漏损的先决条件。建立供水管网漏损监测系统的目的就在于通过软硬件集成的手段对城市管网漏损进行快速定位，以便抢修部门及时进行维护与检修，减少损失。

①监测原理

供水管网漏水监测预警系统由主接收机和若干记录器组成。记录器按照一定原则，布设于管网外壁上的漏点噪声监测设备，可以在夜间用户用水量最低、环境背景噪声最小时监测连续的漏水声音信号，并根据收集的强度与带宽等信息作出判断与识别，并将存储信息以无线的方式传输到指挥调度中心。记录器的数量可根据城市供水管网分布任意配置，记录器自身的磁铁使它可以牢固地吸附在供水管道上，监测管道的漏水噪声。主动采集管道上的噪声信号，内置微处理器对信号进行运算处理后将数据存储下来，并自动识别是否为漏点，然后将数据和判定结果以无线的方式发送给主接收机，指挥调度中心根据主接收机接受的数据和分析结果进行漏点定位和管道修复。

系统将对分析的结果进行可视化展示，并通过 GIS 手段对漏损的地方进行定位和历史查询。

通过收集夜间供水管网漏水噪声，进而分析判定漏水区域，对供水漏水点精确定位。

②监测流程

根据漏水记录器布设间距，在 GIS 系统中合理制定漏水记录器布设方案，根据方案完成现场实际记录器的布设；漏水噪声收集（一般在凌晨 2 点至 4 点），并传输到指挥调度中心；指挥调度中心对接收的数据进行汇总、存储、分析，确定漏水区；派发工单，由专业人员使用相关设备，进行漏水点精确定位。

(4) 优化调度系统

生产运行优化问题在供水企业中十分突出。计划的优化、调度的优化、控制的优化将给企业带来生产管理的改进，而调度的优化是整个改进的核心。结合济南水业集团生产管理的现状，在供水优化调度系统中实现初步的优化调度功能。通过宏观、微观的管网水力模型相结合的方式，对漏损、水量预测进行模型计算，提供相应的优化调度分析手段，并为应急事件提供有效的信息支持，实现减少水资源浪

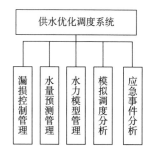

图 8-10 数字供水优化调度系统

费以及能源消耗、节能减排的目标。

① 水量预测管理

水量预测是优化调度核心功能。水量预测分为总用水量预测与节点用水量预测。目前用水量预测基础数据的主要来源为计量监测数据，包括分区计量、大用户计量等。按照计量的实时性还分为在线计量数据与补录数据。水量预测的算法有很多，这里使用数学模型与业务模型弱耦合的方式，根据实际情况订制相应的计算方式。

a. 总用水量预测

总用水量基础数据来自整个供水系统中分时、分日的用户总用水量。在这个基础上进行水量预测计算。具体的功能包括：

水量基础数据导入、查询、校验；水量计算公式管理；总水量预测计算分析；总水量预测计算展示（图表）。

b. 节点用水量预测

节点用水量包括大用户、小用户、漏损水量三个部分。预测分析的基础数据来源于大用户计量、户表计量、漏损控制中漏损预测值。具体功能包括：

水量基础数据导入、查询、校验；水量计算公式管理；节点选取、水量预测计算；节点水量预测展示（GIS、图表）。

② 水力模型管理

水力模型主要是对供水管网进行模拟，主要分为宏观模型、微观模型、简化模型与集结模型。供水管网模拟模型是优化调度的核心内容，为整个管网的建设、管网优化运行提供理论依据。水力模型包括三个内容：模型建立、模型应用、模型完善。

a. 水力模型建立

建立水力模型需要考虑管网的多方面因素。作为供水管网的仿真模拟系统，需要获得管网以及附属设施、设备基础运行参数，运行中由于环境、设备老化等原因造成的参数的修正，由实际用水需求造成的压力、流量、管网状态数据等。同时在模拟系统中实现对阀门、水泵（变速泵）的模拟控制，以及模拟展示。

考虑的参数因素有：水量预测、管网（含阀门）阻力参数、水泵特性曲线、节点高程。

系统功能包括：基础数据导入、校验；阻力参数模拟展示（图表）；水泵特性曲线模拟展示（图表）；水力模拟展示（GIS、图表）；水力模拟控制。

b. 水力模型应用

模型的应用是模型的价值体现。这个部分也是目前国内水行业研究的重点之一。主要的应用包括优化调度分析与应急事件分析两个部分。

c. 水力模型完善

水力模型完善工作是一个长期的工作。管网形态、供水格局调整，各类参数的校验修正都是完善工作的一部分。可以说，一个有利用价值的水力模型是建立在大量的数据基础上，并需要进行长期修正、校验。

主要的完善工作包括：管网静态基础资料维护、水量预测修正、管网阻力参数修正、水泵特性曲线修正、节点高程修正。

系统功能包括：数据资料导入、更新、校验、差异分析；历史资料存档、备份；修正数据、参数分析（图表）。

③模拟调度管理

模拟调度分析是水力模型应用之一，为管网的优化运行提供了支持手段。

通过在水力模型上进行模拟调度，从仿真模型上获取供水状态的评估，评估的内容包括管网、用户的模拟压力、水量，设备运行的理论能耗，进而获取多种目的、多种外界因素影响的最优调度方案。

具体功能包括：

管网低负荷分析；低压片区分析；管网改造分析；消防流量分析；压力、水量、能耗模型预警设置；最优调度方案管理。

2) 服务营销体系

服务营销体系的建设，提高了水务集团营业收费、客户服务的管理能力和服务水平。

供水营销体系采用模块化、插件式设计，注重各功能系统间的信息互联和共享，强化数据深度处理和利用。支持灵活的抄表计划、派工体系和多种支付方式，提供便捷的计费、收费服务，实现企业现金流运营，提高资金使用价值。

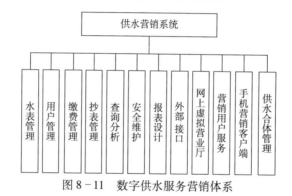

图 8-11　数字供水服务营销体系

（1）表务管理

管网抄表内容更主要是济南市 20000 多户的总表抄收工作以及水量录入。

户表管理的内容主要包括水表撤停、故障换表、表井整治、改表新装、户表撤停、水表维修检定等。

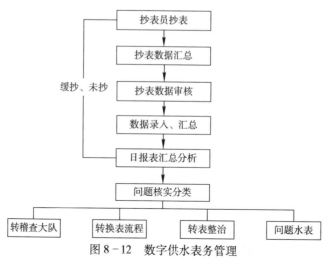

图 8-12　数字供水表务管理

①表务系统与其他业务系统（如客户管理系统）紧密集成，实现信息共享。

②在系统中，体现水表生命周期的概念，所有业务都围绕水表进行，从水表安装至报废，进行全程跟踪管理。

③系统对表务数据进行明晰的统计分析，为管理者提供决策依据，如故障换表业务，可统计各个厂家、各种型号、不同口径、各种故障原因的分布及比例。

（2）客户服务管理

建立以客户服务为核心的供水客户关系管理系统，变被动接受为主动服务。对用水用户的基础信息、服务信息、维修信息、投诉信息等进行管理，对用水用户进行分级管理，在 GIS 上对客户跟踪定位、回访反馈、专题应用分析等。

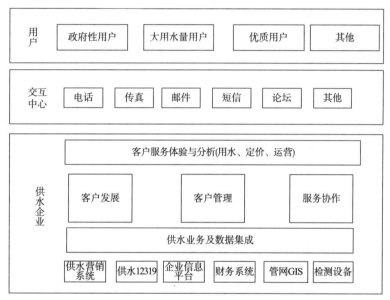

图 8-13 数字供水客户管理

①帮助水务单位实现全方位客户信息资源管理。

②通过建立客户服务管理体系，整合营销服务资源，提升运营效率，降低运营成本。

③提高用户满意度，优化服务流程，降低服务响应时间。

④根据用户价值特征、消费行为、区域分布等分析模型，指导营销服务分级运营策略。

⑤统一客户服务中心，整合客户服务接触渠道，提升客户服务品质，实现全过程用户管理服务。

（3）收费管理

在收费大厅的收费窗口收费可对户表和总表。窗口收费分为三部分。

①户表管理：根据用户姓名、用户地址、用户电话、用户编号、水表号查找用户；选择用户，显示该用户的水费信息。

②收费开票：根据生成后的水费凭证打印水费发票和污水处理费收据，打印过程可自行选择（可以连续打印，也可以单张打印）；

③用户信息查阅区：可以查看用户的详细信息以及历史的水费信息。

(4) 手机营销客户端

通过短信平台可将每月的用水量和水费信息定时以短信的形式通知用户；当用户水费不足时，短信通知用户，避免用户用水出现问题；通过短信平台可将用户用水相关信息及时告知用户。和营销系统对接，获取济南市总表用户和户表用户的信息，信息包括用户的姓名、给水号、水量、水费情况、水费账户额度等。

3) 综合管理体系

综合管理体系实现水务集团日常办公的精细化管理。

主要分为以下几个系统：

(1) 供水移动决策支持系统

供水移动决策系统是基于 GSM 短信/GPRS 移动通信技术，以手持 PDA 为移动终端，以供水运行监控、优化调度、供水管网 GIS、漏损监测、营销、客户服务、应急指挥等各个供水环节为数据支持，供决策人员随时随地查看相关信息的辅助决策系统。

供水移动决策系统将建设成为满足在任何时间、任何地点、及时实时查看、统计、发布、指挥的综合管理系统。

移动决策系统将提供对企业运营、管理、应急指挥等数据访问的功能，可以随时随地查阅供水运行状态、企业运营情况、紧急事件的处置进展情况等以供决策；支持决策信息的发布、管理。通过供水移动决策系统可进一步加强管理力度，优化供水管理。

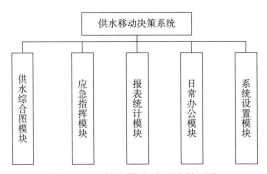

图 8-14 数字供水移动决策系统

①供水综合图模块——提供基于地理信息的显示浏览、查询、定位、量算等功能。

②应急指挥模块——对接应急指挥系统。提供地图操作、应急预案查看、实时信息查看、数据通信等基本功能。

③报表统计模块——统计报表，包括生产报表统计查看、营销报表统计查看、服务报表统计查询、其他可定制的报表等。

④日常办公模块——主要包括信息接收、查看、处理、查询功能。

⑤系统设置模块——包括用户登入、注销、个性化定制等功能。

(2) 供水决策分析系统

决策分析系统与其他各个业务系统实现信息共享，直接利用中心数据库的数据，自动生成指定样式的报表、图标，并将其按目录分别存放、归档。

决策分析系统内的制定标准统计目录报表及数据格式，可支持管理考核需求，也同步支持公司级领导管理数据需求。

系统可实时从中心数据库获取业务数据，并统计出标准格式的报表。

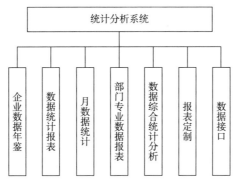

图 8-15 数字供水统计分析系统

报表包括：企业数据年鉴及统计目录、年数据统计目录报表内容、月数据统计目录报表及部门专业数据报表内容、数据综合统计分析表、统计目录报表的其他数据需求、与各子系统的数据采集接口。

（3）工程管理系统

工程建设、技改、大修、生产并重是水行业运营的一大特点，而工程建设、技改、大修都是以项目管理的方式进行的，因此工程项目的集约化管理对水行业至关重要。工程项目的管理水平直接影响到资产的质量水平、资产的投资成本、资产的运营效率，工程项目管理是资产全生命周期管理中的重要环节。

水行业资产高度密集，价值巨大，在资产全生命周期的各个阶段，价值管理成为管理的核心。针对集团工程项目管理的需求，以价值链为核心，实现工程项目体系管理、项目合同管理、项目计划进度管理、项目物资管理、项目资金管理，通过科学先进的项目管理理念实现对资金、进度、合同、施工过程、质量、安全的全方位管理和控制，实现项目中的计划、合同、进度、采购、资金等各业务环节的整合和高效协同管理，有效控制项目成本，全面管理项目资源，提高项目管理水平，提高决策分析能力。

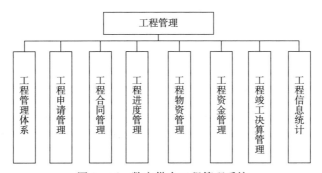

图 8-16 数字供水工程管理系统

①工程管理体系

工程管理体系包括整个集团的工程管理组织、工程基础信息、WBS 构建的基础体系信息、工程概算基础体系信息、工程物资基础体系信息等。通过工程体系管理，统一规范整个集团的工程管理基础、工程信息和工程管理过程，实现整个集团的工程整体规划、信息集中共享管理、工程综合统计分析。

②工程申请管理

对需要施工的工程进行工程申请审批备案，详细记录工程编号、工程名称、施工目的、施工路段、施工计划、施工单位、工程图纸等信息,为工程施工建立档案,为后续管网改造或者管网规划提供依据。以工作流机制,对申请的工程进行审批、流转。

③工程进度管理

进度控制是工程管理的主线,以企业体系结构(EPS)—项目(Project)—工作分解结构(WBS)—作业(Task)逐层自上而下分解,进行工程项目的计划安排和调整、资源配置和优化,涵盖前期建设、设备采购、安装、设备交付进度、设计交付进度等内容,能够实时查询项目进度水平、里程碑计划等完成情况,以进度为主线串联各项管理业务,各项业务随着计划的变化自动调整,并通过计划定期滚动更新和对比分析,及时发现和调整实际与目标之间的偏差。

④工程信息管理

统计分析工程的数量、类型、管径、管长等信息,作为绩效考核的数据依据,并为领导层对公司的工程收入提供一个清晰的展示。采集和挖掘系统数据,实现多维度分析,灵活实现跨年度分析,按照管理决策者思维方式去了解信息,分别用数据表和图形柱状图、饼图、横道图列出各种详细信息,为高层领导提供决策支持。

8.4.4 项目创新

1. 全面基于2D+3DGIS的模式进行构建,采用三维GIS及三维场景建模技术,高度仿真生产运营环节,采用以空间数据驱动的方式精确定位供水区域和客户的位置。

2. 利用数据仓库、联机分析处理和数据挖掘等技术,实现对供水数据、客户数据的数据挖掘和商业智能分析,为管理提供决策支持。

3. 利用EDI、EAI先进技术手段整合各既有信息系统,实现无缝的一体化水务管理。

4. 设立物联网实验区,将物联网技术应用于该实验区供水的过程管理,已取得良好的实验效果。

5. 打造全国数字水务建设标准和模版。

标准体系作为数字水务建设的工作框架,是保证数字水务建设质量的重要基础和先决条件。数字水务示范项目建设中需要制定业务、平台开发、数据等多方面的标准,这些标准将贯穿整个数字水务建设的始终,保证数字水务示范项目建设有序、高效进行。

采用"水务行业一体化"设计思想,利用物联网技术手段将水务所有相关行业集成到一个统一的大平台上来,在数据、业务、应急、决策、服务等层面进行统一管理和服务,在国内甚至世界上都具有很大的创新性和领先性,力图将这种"济南模式"进行提炼和标准化,努力成为国内数字水务行业标准的制定者和领航者,为国内数字水务建设贡献自己的一份力量。

8.4.5 建设效益

供水企业作为一个社会公用事业行业,面向的是全体用水户,其服务质量的好坏不仅关系到供水企业自身的利益,也直接影响到社会的稳定和政府形象。随着社会的发展和国家对环境质量与居民生活用水质量要求的不断提高,用户的消费水平不断提高,用户越来越多要求供水企业提供诸如网上查询用水信息、水费缴纳等更为方便快捷的业务需求。面对用户的需求,"数字供水"正在突显日益重要的作用。

1. 运行阶段的经济效益

作为供水行业，据统计，我国供水行业管网漏损率在20%左右，按城市每年供水1亿吨计算，每年仅供水量的漏损就在2000万吨左右，直接经济损失达4000万元。因此，降低管网漏损率一直是行业研究的重点课题，但降低管网漏损率是一个系统工程，建立数字化的供水管网平台是先决条件。通过管网检漏、大口径水表、小表计量、超声波测漏等措施进行偷水、无表用水等因素分析，可有效降低无收入水量5%~8%，每年可减少经济损失1000万元左右。

利用"数字供水"中的运行监控系统实时采集供水设施运行情况，提前预警可能出现的故障和事故，最大程度地保障基础设施和居民用水的安全，减少国家和企业财产损失。

同时，在城市建设中，爆管事故常有发生，其中相当一部分与施工单位对地下管线敷设情况不了解、野蛮施工有关。爆管停水、冒水事故对供水公司造成相当大的抢修压力，同时对社会造成了巨大的经济损失。建立数字化的供水管线，可以让相关施工单位查询施工区域地下供水管网的情况，避免发生相关事故，减少经济损失。

2. 更加便捷的民生服务

"数字供水"的建设是一个庞大的工程，它与城市居民的生活息息相关，无处不在。近年来由于城镇人口的不断增长，供水服务的服务管理能力相对滞后，滋生了居民"吃水难"、"吃水贵"等一系列问题。"数字供水"的建设将彻底改变水务集团传统的服务理念和方式，提前预判顾客的需求，将客户投诉后处理的方式转变为对客户的主动关心，提供供水优质服务。"数字供水"在技术层面上最大化地使供水服务贴近民生，例如"手机营业厅"缴费系统，使得老百姓可以免除排队缴费的难题，真正实现"足不出户，享受便捷服务"；主动式客户服务体系及便民信息发布功能，使居民可以实时查看自来水的水质，保证喝上"放心水"。

济南市数字水务项目的成功实施，提升了济南市的供水保障能力，实现了对供水设施的全面、动态化管理，实时监控管网关键点，自动预警，辅助爆管事故处理。充分利用网络、物联网技术和信息资源，进行服务效能整合升级，改善了生活用水质量，提高了济南水务的科技水平，为战略目标的实施提供了强有力的技术支撑。既提升了水务管理部门的综合监管、指挥和决策水平，又提升了水务公用各行业的管理和服务水平，对于水务全行业的信息化拉动成效明显。

第 9 章 数 字 排 水

城市排水系统是排水的收集、输送，水质的处理和排放等设施以一定方式组合成的总体，具有收集输送污水和快速排除雨水的双重功能。随着城市外延区域的扩展和规模的扩大，城市排水系统已经演变成一个复杂庞大的网络系统。在我国城市基础设施建设快速推进的过程中，排水设施的长度、类型和投资使用情况都发生了显著的变化，如何科学有效地进行排水设施的资产管理和运行维护已经成为各个城市和地区面临的一项紧迫任务。

9.1 城市排水管理现状及存在问题

近年来，我国的排水系统虽然已经有了长足的进步，取得了比较显著的成效，但也存在不足之处，许多城市在汛期发生"水浸"、"内涝"等事件，给人民群众带来了巨大的经济损失，甚至对生命安全造成了威胁。这充分说明，城市建设和管理不能只关注高楼大厦、公园广场这些显示高的地面工程，还必须十分重视各项城市基础设施的建设和运营，排水管网就是一项重要的城市基础设施。

目前，我国大部分城市的排水运行管理水平较低，很多城市仍然沿用传统的依靠图纸甚至老工人记忆和经验的管理模式。尽管随着计算机技术的普及和发展，不少城市对排水数据进行了信息化处理，但通常其信息化与专业化程度都比较低，多采用 AutoCAD、Excel 等格式的单个文件分块存储数据，无法体现排水系统的复杂网络特征。此外，虽然有部分城市采用了基于 GIS 的管理模式，但专业分析功能通常都较弱，系统仅体现了排水管网的地理特征，只实现了基本的地图显示和查询功能，缺少网络分析、动态模拟和优化分析等专业功能，不能为城市排水安全运行提供科学的决策支持。主要问题包括以下几点：

1. 管网建设缺乏科学规划和系统布局

城市排水系统不能与城市的高速发展相适应，导致排水能力滞后于城市的发展，由于现有路网与规划路网局部有出入，因此有些已建污水管道是穿过规划地块。如原污水管道，有可能在城镇改造时废掉，这就需要规划时考虑附近的市政道路上的污水管道能够替代它们，保持污水排放顺畅。

2. 管网养护体系缺失

很多城市对污水排放管理不严格，居民生活和工业污水任意排放，导致管网淤积严重，过水能力得不到保证；泥沙淤积、管网老化、排水管道被占压情况也比较普遍。河道乱倒垃圾、污水私自排放以及众多污水处理厂站的管理还存在位置分散、人工管理难度大的问题。

3. 国家相关法律法规、技术标准不完善

国家管理法规和相关技术标准不完善，缺乏完善可靠的排水管网数字化管理技术规范，各个城市排水管网数字化管理水平和技术标准差异较大。

目前我国使用的排水标准是 2006 年建设部发布的《室外排水设计规范》，规定的排涝标准是半年至 3 年一遇，重点区域为 3 年至 5 年一遇。但近几年来极端天气频繁出现，城市内涝屡见不鲜，这表明现有的排涝标准已无法满足城市的正常运行，仍有向上调整的内在要求。

9.2 数字排水的概念

数字排水系统是采用遥感、遥测、数据库、地理信息系统、全球定位系统、工业自动化控制、模型模拟、互联网等现代科技技术，提供城市排水设施信息实时数据采集管理、动态监测管理和辅助决策服务管理，提供全新的城市规划、建设和管理手段。

数字排水系统应综合应用当前的先进信息化管理手段，建立一个能够长期、有效、动态管理排水系统大量空间数据和属性数据的基础平台，并逐步开发排水数字化管理过程中所需的各种业务处理和专业分析模块，最终形成一个具有连接排水管理部门各个业务单元信息、数据存储管理和决策分析等多种功能的综合管理平台。

数字排水系统的建设是提高城市排水设施规划、建设、管理、服务水平和安全运行保障能力的重要手段，是实现城市防汛、水环境改善和生态建设目标的重要抓手。该系统的建设与推广将实现排水设施的自动化和智能化管理，促进排水行业健康发展和安全稳定运行。

9.3 排水系统的数字化需求及建设内容

为了解决我国排水系统管理中存在的问题，提高应对突发事件和应急抢险的反应速度和处理能力，保障城市排水设施的安全稳定运行和水环境的安全，构建排水系统的数字化管理模式，同时这也是目前国内外排水系统管理的研究和应用热点。

9.3.1 排水系统的数字化需求

计算机技术的进步，GIS、数学模型分析和在线监测等技术的不断发展，为解决排水系统的管理难题提供了必要的技术基础。在排水系统的运营管理中，事故处理需要及时科学应对，只有以排水系统的网络拓扑分析和动态模拟分析为基础，建立排水系统信息完整、数据动态更新、业务功能操作简便、软硬件有效配合的数字化管理模式，才能切实提高排水系统的运营管理和科学决策水平。

排水系统的数字化管理模式综合 GIS 和专业模型的优势，利用 GIS 提供数据管理和空间分析能力，利用管网模型提供专业计算和分析功能，集成管网的在线监测数据，并进行动态分析和模拟，为排水系统的规划管理、运行养护提供动态可靠的专业分析平台。

从排水系统的建设、运行、管理的升级技术需求出发，数字排水管理系统应有以下的需求：

1. 建立统一的设施管理模式

建立排水管网、中水站、泵站、河道、技术资料等几个数据库，实现排水管网普查数据的入库和各类排水设施、设备的数字化存储。加强排水设施的管理，充分发挥其作用，使其更好地为城市生产和居民生活服务，建立一套长效的管理机制。

在数字排水系统的建设中，首先需要建立信息格式统一、满足当地各种业务需要的综合数据库，然后结合排水系统的实际变更进行长期的信息维护和更新。现有排水系统的空间数据、资产数据、历史变化数据等的高效存储和管理，既可以满足排水系统资产管理的需求，又能为排水系统的数字化管理提供良好的数据基础。

2. 实现排水管网设施的规划、建设的一体化评估管理

对排水管网设施的规划、设计、建设及工程验收过程进行管理，是排水管理部门的重要业务之一。目前在处理上述各种业务需求时，通常只以经验判断和简单推理计算的方式进行，缺乏先进的技术辅助工具，无法分析建设项目的调整对原有排水系统的影响，影响评估工作的科学性和可信度。利用统一的数据管理模式和先进的模型模拟技术，对排水设施的规划、设计和建设进行一体化的数据管理和评估分析，可最终提高新建或改造项目的实时效益，减少对已有系统的负面影响。

3. 提高管网养护的系统化能力

对管网设施的运营维护是排水管理部门的重要日常工作，包括设备检查、维护、清淤、排障等内容。目前我国的排水管网养护选择依据不强，主观性较大，工作效率很低，不能及时发现管网系统中的渗漏、腐蚀、淤积甚至塌陷等问题，严重影响了排水管网的正常排水能力。为了提高排水管网的养护效率，需要利用数字化的管理手段建立以排水管网的周期性调查、评估、维护和清淤为主的科学养护体系，制定合理的养护计划，从而保证排水系统的正常运行。

4. 建设排水系统的在线监测系统，提高事故预警能力

随着监测硬件技术和网络传输技术的发展，建设排水管网的在线监测系统，对排水管网的运行状态进行动态监测变得十分重要。对城市排水系统的水位、流量和淤积情况进行监测与预警，及时发现管网运行中的突发问题，快速进行事故溯源、追踪与预警，辅助管网管理部门做到防患于未然，提升对排水系统事故的预警和处理能力。

5. 提升应对防汛抢险等危机事件的应急能力

面对突发性强降雨，排水事故应急处理的一项重要工作就是进行城市排水设施的应急能力分析，确定合理有效的排水抢险处理方案。目前现有的分析技术和简单的信息管理系统在应对突发事故时几乎无所作为，只有通过具有排水管网模型模拟和网络分析功能的数字化排水系统，才能辅助技术人员客观分析危机事件的影响范围，对处理方案进行评估与优化，从而及时给出最佳的应急方案，有效应对突发危机事件。

上述内容仅为排水系统运行中的典型数字化需求，只有构建综合的数字化排水管理系统，将在线监测、管网模型与相关业务系统进行有机集合，建立长效的系统维护和应用机制，才能建立符合当地实际情况的"数字排水"系统，全面提升排水设施的建设和运营管理水平。

9.3.2 数字排水的建设内容

城市数字排水系统应综合运用当前的信息化管理手段，包括 GIS、在线监测、工业自动化控制、网络通信以及模型模拟等，建立一个能够长期、有效、动态管理排水系统大量空间数据和属性数据的基础平台。因此，数字排水系统是一个集大型数据库、复杂专业模

型和先进的软硬件系统于一体的综合性系统，其建设的主要内容应包括综合数据库建设、排水管网模型建设、行业应用系统开发和硬件平台搭建。

1. 综合数据库建设

对各类排水设施的基础空间数据、属性数据与运行管理数据进行统一的存储和管理，是整个数字化系统的重要支撑，是各种类型数据存储、管理和共享的基础。由于排水设施大部分埋藏于地下，处于不断的更新、改造和扩展中，数据的普查和动态管理难度大，因此数字排水数据库的设计应有以下几个特性：结构可扩展性；拓扑可维护性；数据完整性；空间与属性的关联性；空间数据多源性；数据编辑并发性；数据的安全性。

2. 排水管网模型构建

数字排水系统的多个专业应用功能模块都需要耦合相应的排水管网系统模型，以完成相应的模拟计算。在数字排水管网模型的构建过程中，排水管网水力模型可以对模型中的管线进行非恒定流的水力模拟，计算出模型中各管线的长度、流量、流速、水力坡度、水头损失等。

通过管网建模，能够较好地模拟现状管网的运行工况，对现有管网进行科学全面的审视，分析现有管网的运行状况，分析现有管网容量扩充空间、分析未来管网的瓶颈所在。通过科学分析可以避免主观想象和臆断决策，克服盲目主观带来的隐患，为今后的管网管理带来方便，提高管网管理水平。

3. 排水行业应用系统开发

1）管网流量监测

通过在排水管道内安装在线流量监测设备，实现排水管网运行状态的实时监测，及时掌握管网运行的实时和历史状态。根据排水管网监测的液位变化趋势，判别管网堵塞状态，实现污水冒溢事件预警。

2）排水液位监测

通过在排水管道内安装在线液位监测设备，构建城市排水管网运行安全监测网络，及时发现井内和河道水位异常，优化排水调度和泵站防汛调度。

3）低洼及重要地点监测

依据重点河道低洼地区、重点排水口视频监控以及气象雨量监测信息，掌握汛期排涝情况和提供预警。

4）清淤及管网养护

通过排水管道液位、流量变化趋势及有关数据分析，及时掌握管道淤积情况，形成清淤计划，指导管网维护工作，保证排水管道畅通。

日常排水监管方面，建立排水移动巡查和执法机制，及时发现和解决管网存在的问题。

5）排水水力计算

对排水管道的水位、流量、流向进行计算，并能根据计算的结果在管网上动态模拟显示。

6）排水用户管理

可以对排水用户的位置、名称、排水合同等信息进行统一管理，并进行浏览、查询、统计。

7) 排水事故处理

当发生管道破损时,系统可自动搜索出需关闭泵站和需打开的溢水阀,并显示其位置和属性;显示影响区域及排水用户名单;打印输出事故处理抢修单、溢水阀卡片、泵站卡片。

8) 因素分析

对影响城市内涝高风险区域进行全因素分析,综合分析暴雨强度、城市地貌、地面高程、河道地形、排水管网等因素对内涝区域的影响,得出每个内涝高危区域的主要影响因素,指导排水系统的改造工作,降低城市内涝发生的频率。

4. 硬件支撑平台搭建

硬件支撑平台是整个排水系统数字化综合平台运行的基础,其目的是实现排水管理业务活动的电子化、信息化,及时、完整、有效地实现数字排水系统管理软件中的瞬间管理、查询统计和业务分析功能。一般而言数字排水系统建设中的硬件支撑平台在功能上可分为管线在线监测平台、信息网络平台、数据存储平台和监控指挥中心,涉及监测、通信、网络、安全等多方面的内容。

9.4 示范工程

随着城市排水行业建设的不断深入,排水设施管理的难度越来越大。近年来,我国城市雨水管网溢流和排水不畅事件时有发生,各大城市均不同程度遭受暴雨袭击,对社会秩序、城市功能、环境与资源等造成不同程度的破坏,给人民生活、经济社会发展和城市正常运转带来较大影响。为提高排水的综合管理和应急服务水平,建立一个统一的城市排水综合管理系统势在必行。

目前我国许多城市都已建立了"数字排水"系统,下面以济南市作为典型案例介绍数字排水成功实施的具体情况。

9.4.1 项目概况

济南"数字排水"综合管理系统是济南市排水管理服务中心(以下简称"排水服务管理中心")根据自身业务发展的需要,紧密结合济南市政公用局平台建设的规划设计方针,前期对项目进行了全面的论证和规划设计。

按照济南市综合市政发展的要求,排水管理服务中心于2010年开展了排水设施的地下普查工作,已完成2300公里的排水管网及相关排水设施的普查工作。排水设施的普查为综合管理系统的建设提供了翔实、准确的信息来源和数据基础,但普查数据的长期利用和不断更新也需要由建设排水综合管理系统来提供支持。系统的建设提供一套完整的机制,将城市排水设施普查成果应用于排水业务工作,将实现和完善城市排水管网空间基础数据更新管理机制与业务数据更新管理机制。

排水管理服务中心构建了一套专业的数字化排水管理系统,对地下复杂的各类排水设施、排水管线以及城市河道进行基础空间数据和业务数据的专项管理,对应急事件作出快速反应和准确分析,及时解决问题。对既有城市防汛视频监控系统、中水站监测系统、防汛预警决策支持系统、12319服务热线系统以及排水其他相关系统等进行有机整合。同时提供对城市排水设施、城区河道、中水站、泵站运行等方面的在线监视、监测、监控以及应急指挥调度的管理。

数字排水综合管理系统提高了济南市的排水数字化管理水平，将济南市排水设施普查成果应用于排水业务工作，建立和完善了济南排水管网空间基础数据更新管理机制和业务数据更新管理机制，提高了城市排水管网和设施的空间规划和设计能力，充分发挥了既有城市防汛视频监控系统、中水站监测系统、防汛预警决策支持系统等系统资源功效，为济南排水规划、建设、管理和应急处置工作提供了可靠技术支持，保障了城市污水全收集和节能减排工作目标的推进和实现，实现了城市排水基础数据、业务数据和城市排水决策、管理和服务的信息化管理。

9.4.2 总体框架

济南数字排水系统构建总体框架主要分为五层。

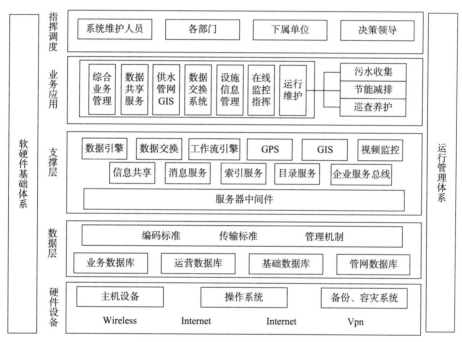

图 9-1 济南市数字排水总体框架

1. 指挥调度层

指挥调度层为最初信息来源和信息使用者层，包括办公人员、巡查人员、区级单位人员、视频信息接入等信息来源和指挥平台、监督平台等信息处理和使用者。

2. 系统业务层

系统业务层主要提供系统业务功能，包含综合业务管理子系统、管网地理信息子系统、在线监控指挥子系统、数据共享子系统、数据交换子系统、系统维护子系统以及专项业务系统污水全收集与节能减排等子模块和系统。

3. 支撑层

系统支撑软件层由各种中间件、服务组件和接口组成，主要包括工作流中间件、GIS服务组件、位置服务中间件、消息中间件和安全中间件等。

4. 数据层

数据层是整个系统业务实现的支撑,并是将来系统功能和数据扩展的基础,保障了系统的可扩展性。包括空间数据库、业务数据库、档案数据库、管网数据库。

5. 硬件基础层

包括语音通信网、公众因特网、无线网、通信专网等网络基础设施和相应的服务器等硬件设施。硬件层为系统提供通信、安全等基础设施。

9.4.3 建设内容

济南数字排水系统的建设内容概括起来主要分为四点,即建设一个指挥调度中心、一套支撑平台与应用体系、周密的数据库设计和完善的硬件架构。

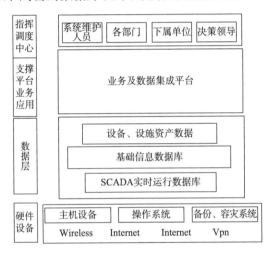

图 9-2 济南市数字排水建设内容

1. 数字化指挥调度中心

济南数字排水指挥调度中心系统建设以排水中心视频指挥系统设计中心,实现应急指挥、远程监控、电话会议、汇报演示等功能。指挥控制中心控制室,以指挥中心信息管理、地理信息管理、大屏幕监控及显示、指挥调度为核心,提高管理效率、管理精度和管理力度。

1) 紧急情况的收集、显示、上报功能

指挥中心能通过网络传输和其他通信方式实时接收、显示、上报紧急情况的现场文字、图片、语音信息,并通过终端服务器和显示屏随时调阅紧急情况子系统的文字、图片信息。

2) 实现远程指挥功能

在执行突发任务时,可依托网络,运用语言、文字、图片信息实现对各个系统和现场的实时远程指挥。

3) 实现应急指挥辅助决策功能

通过地理信息系统、电子地图以及其他相关平台,迅速查询、显示排水系统运行情况,进行计算,为拟制处置预案提供可靠的参考数据。

2. 支撑平台与应用体系

整个系统的建设以 GIS 平台为主要的支撑平台，围绕专项业务管理子系统、综合业务管理子系统、排水设施地理信息子系统、在线监控指挥子系统、数据共享服务子系统、数据交换子系统和系统维护子系统等几个方面展开。

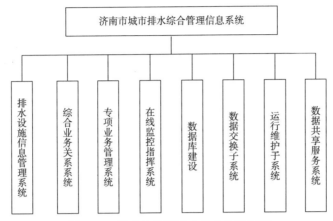

图 9-3　济南市数字排水专业功能框架

1）在线监控指挥子系统：完成和数字市政平台中"应急监督指挥决策平台"部分的对接，整合排水管理服务中心现有的防汛预警系统和中水站监控系统以及市防汛部门的防汛调度子系统，充分利用中心现有的大屏系统，并将 12319 的派单处理纳入系统中，同时接入新增的视频监控系统和 SCADA 监测系统。

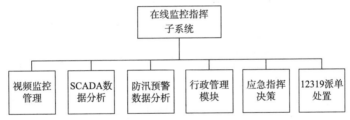

图 9-4　济南市数字排水在线监控系统

(1) 视频监控管理模块

视频监控管理模块是基于网络化的视频监控技术，依托前期建设的视频监控中心和防汛部门建设的防汛视频系统，为监控指挥系统提供各类视频监控站点的视频信息，包含实时以及历史的查询回放等功能。监控视频可以通过视频监控工作站显示，也可以通过大屏幕显示。

视频监控管理模块也可以对部分重要监控点的视频信息进行远程录像或备份，视频监控按内容主要分为防汛视频监控、中水站视频监控、泵站视频监控以及河道排污口视频监控。

(2) SCADA 系统数据分析模块

SCADA 系统数据分析模块主要是将中心目前建设的中水站 SCADA 系统数据、将要建设的泵站 SCADA 数据以及将要建设的河道 SCADA 数据，整合和纳入系统平台中统一管理；通过统计分析 SCADA 系统采集到的数据，提供各种周期模式的统计报表，并根据用户的需要进行数据输出；同时为监控指挥系统提供各类监控站点的实时采集数据信息以及报表信息。

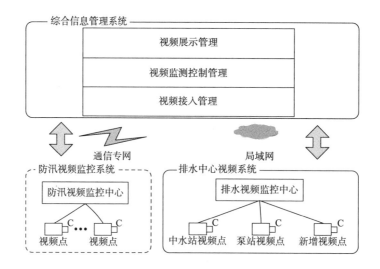

图 9-5　济南市数字排水视频监控系统

SCADA 系统本身提供了实时采集数据的保存、流程图画面重组、发布等功能；提供图形显示、历史数据保存、曲线调用等；提供报表系统，如班、日、周、月报表；提供数据的 WEB 发布，具有权限的用户能在网内计算机上用 IE 浏览报表、趋势等画面；提供报警功能，短信报警等。

针对 SCADA 系统上述功能采取的接入方式如图 9-6 所示。

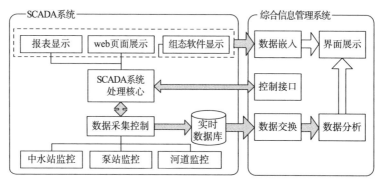

图 9-6　济南市数字排水 SCADA 系统

（3）防汛预警系统数据分析模块

防汛预警系统根据济南地貌特点，通过分析大量地形、雨情等基础信息资料，建立洪水分析预报模型，并根据不同降雨强度、降雨时间，洪水在地表、河道及城市排水管网内和在主要道路的流动状况，实现灾情预警、预报，为济南市防洪决策提供技术支持和决策平台，为领导和专家防汛预警快速决策提供科学依据，最大限度地减少洪涝灾害的损失。

本系统利用防汛预警系统提供的预警结果，作为排水业务预案的参考信息，用来为排水应急指挥决策提供参考。

（4）应急指挥决策模块

应急指挥决策是将传统基于文本的纸质预案经过数字化抽象，结合事故后果模拟分析、GIS 地图、应急资源管理等系统，解决传统纸质预案的存储、管理、升级和使用不便等问题。系统可以根据文字应急预案提取信息要素，包括预案四阶段的任务（预防、准备、响应、恢复）以及每项任务配备的资源，然后组成应急指挥基本信息单元，快速制定多种应急救援方案，动态加载数据生成指挥体系和任务列表，为实现快速响应提供支持。事件处置完成后，可根据处置情况中出现的新问题和采取的新措施，更新处置预案库。

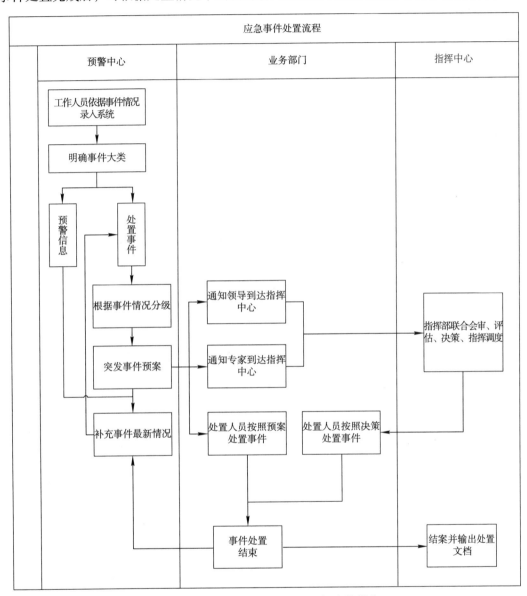

图 9-7　济南市数字排水应急指挥决策模块

（5）12319 派单处置模块

济南 12319 是集设施维修、抢险抢修、生活服务等于一体的城市管理公共服务平台。排水管理服务中心有一个分站，承担 12319 的派单和应急抢险等任务。

将 12319 热线电话等公共事业应急纳入统一的监控指挥系统，统一受理，共享各种资源，向公众提供紧急救助服务。根据指挥现场信息分析的结果，形成新的工单或者公告，通过 12319 派单处置模块无缝对接发布到 12319 工单系统和公告系统中去。

2）专项业务管理子系统：完成对污水全收集、节能减排、安全管理、重点工程等重大专项业务的管理。主要包括污水全收集工程管理、排污管网现状查询、节能减排指标查询、减排计划查询、减排进度分析、中水站选址分析、生产安全管理、安全规章制度管理、重大工程管理等功能。

(1) 污水全收集管理模块

污水全收集管理模块将目前污水全收集工程中的各项设施、工程信息和工程管理等业务内容管理起来，以备查询和统计分析，使用户能掌握到工程的进展状况和工程覆盖情况。

(2) 节能减排管理模块

节能减排管理模块主要提供各项节能减排指标数据录入功能、指标数据查询分析和统计功能，节能减排规划设计功能以及节能减排任务计划管理。

(3) 安全生产管理模块

安全生产管理是指负有安全生产管理职责的管理者对安全生产工作进行的计划、组织、指挥、协调和控制等一系列管理活动。管理往往与安全生产监督和监察密不可分。安全管理模块主要为安全生产工作各个环节的活动提供信息化支持，保证各类工程的安全施工，管网、中水站、泵站的安全运行，河道的安全等是安全管理模块主要功能。

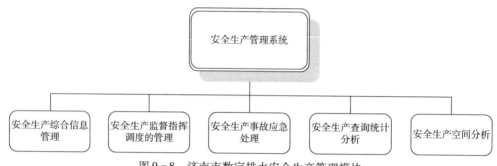

图9-8 济南市数字排水安全生产管理模块

(4) 重点工程管理模块

重点工程管理系统主要实现重点工程项目信息管理、重点工程项目状态跟踪管理、重点工程项目信息归档管理、重点工程规划分析管理、重点工程项目的查询统计分析和报表输出管理等。

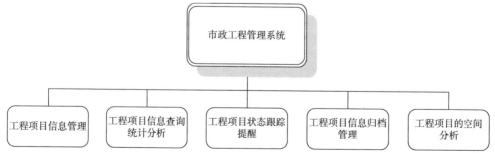

图9-9 济南市数字排水市政工程管理系统

3) 综合业务管理子系统：根据下属科室和单位的办公特点和业务范围进行个性化定制，完成排水管理中心的日常办公流程化、自动化管理，提升日常办公效率和管理水平，主要实现巡查管理、养护管理、业务考核管理、行政管理、工程管理、档案管理等功能，其中行政管理包含行政执法管理、排水户管理、行政审批管理、公文管理、工作日志管理。

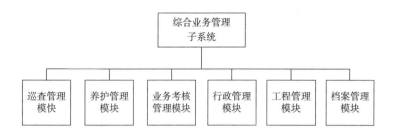

图 9-10　济南市数字排水综合业务管理系统

（1）巡查管理模块

排水管理中心管理的有形资产主要有排水管网、河道、中水站以及泵站等，排水派出专项巡查人员巡视这些有形资产运行状况。巡查人员配备移动 PDA 巡查终端，当发现常规设施故障后，及时通过 PDA 终端内嵌的巡查系统向中心发出设备故障通知，内容包含具体地点、故障简单情况描述等信息；中心工作人员根据巡查人员发回的现场故障通知和情况，通过工单派发方式通知区级和相关社会单位；如发现应急设施故障或事故，直接将故障信息发送至领导决策客户端，由领导按照应急指挥预案和辅助分析工具决定处置方案，并及时派发工单指派维护队和其他相关部门人员进行应急抢险。

同时巡查任务还包含行政执法方面的内容，根据 12319 热线举报后勘察以及巡查中发现和确定违法行为，现场拍照违法事实，实现案件上报。中心根据上报的案件情况，结合 12319 派单处置系统，给相关单位派发工作单，安排违法事实处置和核实。

 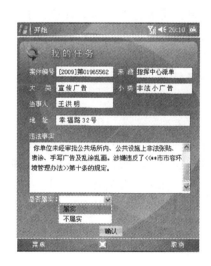

图 9-11　济南市数字排水巡查管理模块

巡查管理功能主要针对巡查人员、区级维护、决策领导三个角色的人员进行定制开发。

（2）养护管理模块

排水设施是城市重要的基础设施，担负着保护城市环境、防洪排涝的重要任务。日常养护是保证排水设施长期、安全、稳定运行的重要措施。养护管理模块，能使决策者和监督者了解养护和维护情况以及养护维护状态与计划；养护人员能得到养护的范围和养护设施的参数状况，及时实施正确的措施。

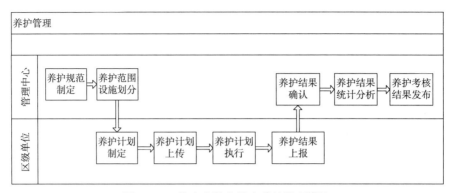

图9-12 济南市数字排水养护管理模块

(3) 业务考核管理模块

考核是整个市政公用基础设施标准化管理的关键环节,如果没有有效的考核,标准化管理也无法长效运行下去。通过考核能最直接掌握市政公用基础设施运行的整体状况,也只有这样才能真正提升市政管理水平和质量,降低成本、提高效率。业务考核管理模块提供电子化考核的手段,记录考核过程,使考核更加系统化、标准化以及信息化。

①考核的对象和内容

主要分为两种:对内,科室内部日常业务能力考核;对外:区级单位和社会单位量化考核。

②参与考核的单位

中心各科室:排水管理、河道管理、中水站泵站、工程管理、办公室、技术科;各个区级单位和社会单位。

③考核周期模式

根据各业务情况可以分为:日考核、周考核、月考核、季度考核、半年考核、年考核、专题专项考核等周期模式。

④考核的业务流程

(4) 行政管理模块

行政管理模块主要实现行政执法管理、排水户管理、行政审批管理、公文管理、工作日志管理等日常工作和相关流程的管理。

以12319热线举报后勘察和PDA巡查上报相结合方式,发现和确定违法行为,现场拍照违法事实,实现案件上报、审批流转功能。实现结合12319派单处置系统给区级单位派发工单、安排违法事实勘察功能。PDA上能查阅执法相关法律法规,为执法提供依据。

(5) 工程管理模块

纸质化的工程管理模式存在着许多不足和不便,现阶段有必要提供方便、快捷和高效的工程管理新模式。工程管理模块提供对众多工程项目进行信息化管理和电子化归档管理的手段和方法,并结合基础地理信息进行工程管理。

目前中心管理的工程有:排水工程管理、河道工程管理、中水站工程管理、泵站工程管理、污水全收集工程管理、节能减排工程管理。

工程管理采用全工程周期管理,主要针对各个工程阶段的工作内容进行管理,工程阶段主要分为:前期手续阶段、招投标阶段、工程实施阶段和工程验收阶段。

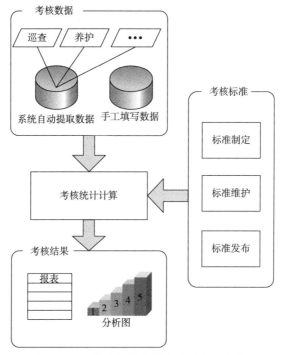

图 9-13　济南市数字排水考核业务流程

（6）档案管理模块

档案管理可大体分为档案整理管理和档案利用管理。其中档案整理管理又包括档案著录和立卷整理，而档案利用管理包括档案的查询、借阅、编研、保管和统计。档案管理的安全保密工作也非常重要，安全防护是整个档案管理系统安全、高效运行的基础。系统的安全防护主要提供对用户访问系统权限的严密管理以及对电子档案数据的安全存储管理。

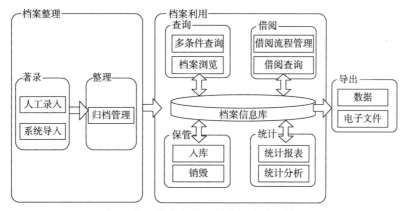

图 9-14　济南市数字排水档案管理模块

档案管理的内容有电子档案管理、纸质档案管理、工程档案管理（竣工图、设计图）。

4）排水设施地理信息子系统：主要提供基础空间数据管理、地形图管理、排水设施数据管理、管线数据管理，提供数据的查询统计分析管理、空间分析管理、数据报表输出管理以及普查数据的入库等功能。

作为基础空间数据管理的子系统，主要提供基础空间数据和管网数据录入编辑、地形图管理、结合 GIS 的综合查询统计、复杂业务空间分析、三维分析、预警预报、决策支持以及 GIS 数据输出等相关功能。

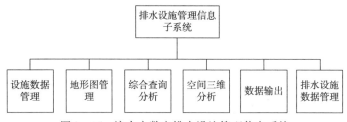

图 9-15 济南市数字排水设施管理信息系统

（1）设施数据管理模块

设施数据管理模块主要提供基础空间数据、设施数据以及管网管线数据的输入、检查、管理和数据上传服务等功能。

（2）地形图管理模块

主要提供地形图管理中的地图基本操作功能、地形图管理功能、调图功能、专题图和图形编辑功能。

（3）空间三维分析模块

利用 GIS 专业的统计、分析等功能，在排水日常管理和应急指挥决策中提供准确的各类统计数据，进行排水方面的专业分析。通过与济南数字市政接口实现资源共享，在进行事故影响范围分析时，可以考虑到与其他专业管线之间的关系，保障既能进行市政管线事故影响分析，又能考虑到其他专业管线对排水管线的影响，并且不会对其他专业管线造成影响。

（4）数据输出模块

根据各业务科室和区级服务单位的权限和管理范围，有限制地进行数据输出服务，主要包括以下功能：输出专业管线图；输出综合管线图；输出各种比例的地形图；专题图、成果表输出、图形打印、数据导出；按设定的区域输出图形和按标准图幅输出图形；可以进行图幅整饰；可以绘图输出纵剖面图、横剖面图、投影图；以报表、word、excel 等形式输出查询统计信息。

3. 数据支撑平台

济南数字排水系统数据支撑平台主要完成排水管网数据库，元数据数据库，中水站泵站数据库，水站、泵站监控数据数据库，防汛视频监控数据库，人员数据库等数据支撑平台的设计和建设。

按照数字市政工程建设的总体规划，工程建设和系统部署围绕两条主线（一是数据主线，二是系统主线）展开。应用系统和数据资源管理相对独立，各市政公用行业权属单位分别建立相对独立的数据管理和更新机制，各级数据之间通过数据中心综合管网系统和专题管网系统的数据同步机制，保证数据的一致性。应用系统之间通过本数据交换系统实现业务处理数据的上报和下达。

在市局数据中心和数据交换体系的支持下，排水业务系统中的各项业务通过市政专网，实现市局数据中心与排水管理相关业务信息系统之间信息交换与共享。在交换系统建设中，利用面向服务的标准，通过事务、消息驱动等方式对服务进行集成，在统一的数据传输协议、数据内容标准等的支持下，利用服务交互、消息处理、安全性等功能组件提供数据交换服务，实现市局、本排水管理中心及区级纵向业务应用系统的联动、信息的传输和数据交换，并实现与政府相关部门之间的数据交换与共享。

三级之间的业务联动通过数据交换系统实现。数据交换基于 XML 与 Web Services 的数据交换平台采用分布式的共享与数据交换技术，目的是为不同的应用系统提供统一的、自动化的信息交换功能，最大限度地解决业务应用中的"信息孤岛"问题。它通过采用 XML 和 Web Services 技术，为业务应用系统提供一个统一的信息服务通讯平台，使得各部门或机构应用系统之间可以通过安全信息交换系统进行安全可靠及可追踪的高效信息数据交换；在提供交换的同时，能对用户的登录、访问权限、时间进行限制、管理和记录，不仅为信息服务系统提供一个安全、可靠及稳定的运行环境，同时也给整个系统带来很强的扩充能力。

1）数据交换的拓扑结构

采用分布式拓扑结构作为数据交换平台系统的体系结构。处在中心位置的是数据交换中心，它是实现数据交换和共享的核心，通过标准化的 Web Services 接口为每个数据交换节点提供服务。数据交换代理节点对异构数据源进行屏蔽，它将数据源中的数据转换成标准的 XML 格式数据，也提供统一的 Web 服务接口与数据交换中心进行跨平台的交互。因此数据交换中心的整体行为就像一个虚拟的中心数据库，同时又像一个交换机。整个数据共享和交换的底层实现和存储机制对各应用节点是透明的，该结构耦合性低，并且很容易将一个新的交换节点系统接入数据交换中去而不影响其他系统的运行。

数据交换中心采用 Web Services 技术进行组件和应用系统的包装，将系统的数据公开共享和需求都看作一种服务，通过对服务的请求和调用实现系统间的数据交换和共享。

2）数据交换流程

交换节点之间的数据交换采用"信息拉取"技术。当应用系统 A 需要数据时，向数据交换中心请求数据，数据交换中心查找相关的数据源的数据交换代理节点，找到后向其转发请求，然后数据交换代理节点 2 向应用系统 B 继续请求数据；应用系统 B 根据条件返回相应的数据，并经数据交换代理节点 2 以 XML 格式将数据返回数据交换中心，然后数据交换中心经由数据交换代理节点 1 将数据返回到应用系统 A。数据交换系统成功将数据"拉回"，完成了一次数据的交换。数据的控制流与数据流恰好方向相反，仅在需要数据的时候才进行数据请求。这种结构使应用系统之间的耦合性较低，增强了应用系统之间的透明性，同时也减轻了数据交换中心的压力。

3）数据共享服务子系统

完成排水管理服务中心对各业务科室和各区级应用单位基础空间数据的共享服务。各科室和区级应用单位根据权限和角色，有限制地应用基础地形和排水管网基础数据，同时利用这个系统提交其各自数据。

4. 硬件平台

硬件平台的搭建将充分发挥既有城市防汛视频监控系统、中水站监测系统、防汛预警决策支持系统、12319 服务热线系统以及排水其他相关系统等系统资源功效，为城市排水规划、建设、管理和应急处置工作提供可靠设备支持，保障城市污水全收集和节能减排工作目标的推进，实现城市排水基础数据、业务数据和城市排水决策、管理和服务的信息化管理提供有力保证。

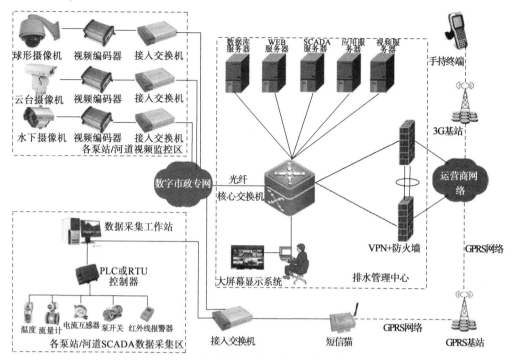

图 9-16　济南市数字排水硬件架构

排水管理中心的硬件系统主要承载着排水管网地理信息系统、应急指挥决策系统、专项业务管理子系统、综合业务管理子系统、排水管网共享发布平台、数据交换子系统等各个子系统，硬件系统的稳定性、可靠性决定着整个系统平台是否能够稳定、快速的运行。

硬件平台的建设包括网络系统建设（核心网络系统搭建，办公网络系统搭建，网络安全系统搭建，GPRS 无线系统搭建）、服务器平台系统搭建、在线监控指挥系统建设（主要包括防汛监控系统搭建，中水站监控系统搭建，河道监控系统搭建，泵站监控系统搭建，重点工程监控系统搭建）。

9.4.4　建设效益

1. 排水综合管理信息系统可以方便地进行设施数据的维护更新，提高可靠性、准确性、精确度，满足城市排水管网数字化管理的要求。

2. 系统可以利用空间分析、综合查询、数据统计等功能辅助进行科学决策，保障排水设施安全运行，为排水设施的维修养护提供依据。

3. 以 GIS 为核心建设的管网管理系统能提高排水设施的运行效率，优化排水设施资料的存储方式，使资料存储、查询、更新方便、快捷，全面提高排水设施管理水平。

4. 对重点排污口和河道进行连续实时监测，控制污染物的排放总量，便于实施源头管理。对接入城市排水管网系统的工业污染源做好管理控制，保证城市排水设施正常运转，实时监测网络系统对排水用户将起到有效的监管。

5. 提高管理人员对管网系统运行状况掌握效率和程度，管理人员能及时准确地获取信息，对系统运行中的突发事件具有更长的反应时间，可选择更多的运行处理方案。

6. 变革管理运行方式，建设综合业务管理子系统，使管理人员告别传统的管理手段和方法，排水系统的管理从传统的依靠经验转化为依靠数学模型、智能决策系统。

7. 变革地域和部门之间的数据交流方式，使排水管理突破空间距离的束缚，让信息的实时更新和共享成为可能。

8. 作为数字市政平台排水数据的源头，给济南市政公用局的数字市政平台提供排水管理方面准确的综合数据和及时的应急信息，成为衔接市政公用局和区级单位的沟通桥梁。

综上所述，济南数字排水综合管理系统的建设对提高济南市排水管理水平、维护城市安全运行、改善城市环境、完善数字市政平台建设具有重要意义。系统建成能满足排水管理服务中心对城市排水设施、城区河道、中水站、泵站运行等方面的在线监视、监测、监控需要，满足污水全收集和其他工程管理需要，满足城市排水管理业务工作需要，满足中心的日常办公需要，为城市排水设施规划、建设提供合理化分析，为排水事故影响进行评价和分析，提供合理化处置建议。系统建成后，将大幅提高排水管理的数字化、信息化水平。

第 10 章 数 字 照 明

城市的发展对城市道路照明及城市亮化工程的需求越来越大，而能源的供需矛盾也日益突出，节电节能、绿色照明的要求越来越迫切，科学管理和节能已成为城市照明主管部门面临的两大任务。《"十二五"城市绿色照明规划纲要》也将这两项工作作为重点，在纲要中提出："十二五"期间，积极推进城市照明信息化平台建设，建立城市照明信息监管系统，统计城市照明设施的基本信息和能耗情况，进一步提高城市照明管理工作信息化水平。各级城市照明主管部门通过建立城市照明信息统计制度，及时掌握城市照明的建设运营情况，加强对城市照明指导工作的针对性和科学性。

建立健全城市绿色照明节能评价体系，重点考核城市照明质量和节能减排水平，开展绿色照明示范城市创建活动，形成长效监督检查机制，逐步将城市照明考核纳入政府工作考核体系中，明确责任，采取有效的奖惩措施，进一步推进节能减排工作。以 2010 年底为基数，到"十二五"期末，城市照明节电率达到 15%。

因此，在满足人们夜晚出行安全的前提下，通过智能化手段对城市过度照明、超时照明、不合理照明进行合理的管理控制，降低照明能耗，提高电网设备和灯具寿命，对节约能源、改善环境有着重要的意义。传统手控、钟控方法已不能满足城市照明系统的要求。如何充分利用高科技手段解决需求矛盾成为当前照明控制领域一个新的紧要课题。城市道路照明数字化控制和智能化管理已作为城市现代化的标志之一，它所带来的经济和社会效益是十分显著的，它的推广和实施也是数字市政工程建设中的一项重要内容。

10.1 数字照明的背景

能源安全是我国面临的几个重要安全问题之一。我们是能源使用大国，但不是产出大国。近年来，我国能源工业取得了长足发展，总体上实现了能源供求平衡，能源结构得到不断优化，节能减排成效显著，为国民经济的持续快速发展提供了有力保障。但是，我国资源环境约束正日益加剧，石油加工和炼焦、化工等六大高耗能行业增加值合计增长 20%，受此带动，能源消耗增长较多，距离"十二五"规划的预期目标仍有较大差距，能否在节能减排方面，取得突破性进展，现在是关键。电力是节能工作重中之重。我们国家发电量跟不上经济发展速度，在用电高峰时期还需要限电，形势非常严峻。

城市公共照明用电在我国照明耗电中占 30% 的比例，占全国发电总量的 10%~12%。近年来城市照明设施平均增长率为 10%~20%，发达地区有些城市甚至更高，近三年不少城市的景观照明设施数量迅速增长，甚至超过了功能照明的设施数量。据调查，国内一些新建主要城市的主要道路（主干道）路面平均照度几乎都比国标或国际标准规定的照度值高出不少，路面平均照度超过 40lx，有些道路的路面平均照度甚至超过 100lx。大量的试验研究表明，被驾驶员评价为"好"的道路照明所对应的平均亮度为 $1.5cd/m^2$（相当于

15lx）也就是说，路灯并非越亮越好。国家和国际上对路面平均照度的标准是：CIE1995 年最新标准中规定 M1 线路为 $2cd/m^2$（20lx），M5 线路才 $0.5cd/m^2$（5lx），美国标准才 $1.2cd/m^2$（12lx），节能潜力非常巨大。

然而，现有的照明设施管理存在着能量浪费、效率不高、管理不便、科技含量不高等迫切问题，仍有采用人工巡查模式的情况，工作量大，且浪费物力、财力。故障依据主要来源于巡视人员上报和市民投诉，缺乏主动性、及时性和可靠性，不能实时、准确、全面地监控全城的路灯运行状况，缺乏故障预警机制。路灯系统的工作状态不能自动随时间、季节、天气、节日等不同情况变化，如果采用人工逐台设置费事费力。维修路灯时需要逐条马路查询，不能快速定位故障位置。调整路灯开关灯时间或更改整体照明方案时，需要逐个配电箱人工手动操作，误操作可能性大等。缺乏功能强大的集中控制系统，无法存储路灯电网的运行数据，无法根据历史数据对路灯电网进行优化，没有高效的路灯用电费用管理和查询工具，对路灯的总体用电情况把握不精确，无法进行灯具老化时间的分析，从而不能有效降低维护费用，用电高峰时期有断电方案但无有效的执行工具，缺乏路灯智能分析系统。

10.2 数字照明的概念

节约能源、提高照明管理水平、美化城市夜景和保障城市夜间出行安全等已经成为公共照明系统的一项基本要求。随着数字技术和网络技术的发展，数字照明已经成为一种必然趋势。20 世纪 90 年代，"数字照明"产业兴起，美、英、法、日等主要发达国家和部分发展中国家先后制定了"数字照明"计划。

数字照明系统，是以节能和提供按需照明服务为目标，建立起一个连接整个城市照明设备网络的无线通信平台、资源管理平台与控制管理平台。城市数字照明系统既是一个实现城市照明数字化管理和节能降耗的独立系统，也是智慧城市的一个重要子系统。系统多方位利用现代化信息技术管理理念、计算机自动管理技术、远近程通信技术、监控与数据采集技术、GIS 技术实现自动化、智能化的科学管理，对城市照明设施资源进行线控、点控、测控等多种科学有效的控制管理，实现城市照明智能控制和节能管理、城市照明生产管理等；实现"五遥"（遥测、遥控、遥信、摇视、遥调）控制以节约电能和提高工作效率；对城市照明的功能性、可靠性、建立的按需照明上的科学性和节能降耗进行综合实时管理，从而提高城市照明现代管理水平，为城市照明的控制、调度指挥与规划决策提供强大实用的手段，全面提高城市照明综合控制管理的效率；改善了人们的居住的环境，提高人们的生活质量，从而提高城市照明系统整体的社会效益、管理效益、经济效益和环保效益。

10.3 数字照明的应用服务及实现手段

10.3.1 数字照明的建设目标

数字照明系统是数字市政系统的重要组成部分，将较大幅度提高城市道路照明管理服务水平，实现节能降耗、绿色照明，从而为市民提供便捷、舒适、高质量且不断完善、持续提高的环保、节能型道路照明服务,为营建良好的生活工作环境、服务经济建设与节约型社会作出贡献。

1. 有效管理照明基础设施

随着城市功能的调整和城市建设的迅速发展,城市道路不断发生变化,新建、改建、扩建的道路不断增加,路灯设施规模不断扩大,数字照明将解决路灯资源的管理难题,实现对路灯资源科学、有效、及时的管理监控。借助先进的科学手段对城市的路灯灯杆、灯具、路灯专用变压器、控制柜、光控、时控、电缆、检查井、回路地下走向等设施进行全面仔细的摸底普查,形成方便使用、图表结合、条理清晰、条块结合、便于查询的设施档案。

2. 实现城市照明按需照明和节能

城市照明的能耗量主要由灯具功率、照明时长、开关灯数量、电流电压等几个因素决定。通过自动控制系统结合日出日落时间、室外光照度、道路等级、交通流量等因素,对开关灯时间、照明时长、开关灯数量等进行精确控制,能有效降低城市照明能耗;结合智能调压柜、单灯控制器、降功率镇流器等节能设备,可使城市照明综合节电率达到30%以上。这些节能措施和设备的运行,都离不开数字照明系统。

3. 保障路灯电缆安全

通过电缆被盗报警系统,适应复杂的路灯线路状况,准确判别分析各类电缆故障,提高路灯电缆被盗报警的准确率、及时率,有效遏制电缆被盗现象的发生,大幅度减少经济损失。

4. 提升照明管理效率和水平

城市照明的"三率"(亮灯率、好灯率、事故处理及时率)是体现城市照明管理水平的核心指标。目前城市照明管理对照明故障的主要巡检方式还是人工上路巡检,为此需要付出大量人工、车辆运行成本,而对于故障等造成的能耗增加仅凭人工巡检很难发现。通过数字照明系统对供电线路、灯具单灯工作状态进行实时监控,能对每盏灯及线路的工作状态一目了然,减少或取消人工巡检,既节省人工及车辆巡检的费用,又延长灯具的使用寿命,每年可节省维护费用50%以上。

数字照明使城市照明设施的管理具体到每一盏灯具,城市照明管理者足不出户即可对每盏灯具的工作状态、电流、电压、故障灯信息实时"在线巡测",灯具和电缆故障"主动发现"机制改变以前路灯设施养护主要采取人工巡测、热线报修发现故障的方式,大量节省办公、车辆、人员等费用和能耗,降低整体运维成本。

5. 建立城市照明智能控制管理规范

我国现有城市照明控制系统设备厂家近百家,近几年,在产业规模、生产能力和技术水平等方面都有非常明显的进步,但因为历史遗留的原因,这些企业呈现出散、杂、乱、低等特点,由于缺少核心关键技术以及技术力量薄弱,大部分企业的技术创新不高,产品在低水平徘徊,企业发展的后劲不足,许多企业停留在小作坊阶段。随着城市智能管理要求的不断提高,城市照明智能控制系统的不规范、无统一标准所造成的设备不兼容、系统不互通、重复投资较多等现象也一一显露出来,给城市智能管理的发展、城市管理水平的提升造成许多障碍,因此建立规范化、标准化的城市数字照明控制系统,是数字照明的重要发展方向。

10.3.2 信息化的实现和意义

以物联网技术为核心,在城市所有变压器及分支箱上安装智能监控终端、智能服务器和单灯节能控制器，实现单灯控制与监测，每盏路灯的故障信息都及时传送到监控中心，便于主动、及时、准确、方便地定位故障路灯并及时更换。在适宜的地区施行标准化的"隔灯亮"控制，力求在保证路面照度、均匀度的基础上取得显著的节能效果。在保证城市照明基本功能的前提下通过对照明灯具的合理开关控制或降低照明的单位能耗进行节能。以照明智能控制管理为核心，提供开关灯时间的精确控制方案，制定分时、分区、分季节、分路段的开关灯计划，以单灯控制器为终端管理手段，提供单灯节能控制方案，对多灯头高亮度路灯实施分时段的"间隔亮灯"，并且有效减少亮灯时间，延长灯具寿命，达到节能降耗的目的。

通过数字照明管理系统的建设，解决传统照明管理诸多难题，实现城市照明管理的科学化与智能化，提高公共服务水平，降低维护费用，实现城市节能和环境保护，明显提升经济效益、社会效益和管理效益。

1. 提高城市路灯的管理水平

数字照明系统使"分散时控"方式改为"分布式数字化管理"方式。实时远程监控和管理，实时掌握每个控制柜、变压器、线路和灯具的运行情况，及时发现和解决路灯系统损坏、线路故障及电缆被盗等问题，实现路灯按需照明和精确到每一盏灯精细化管理，提高城镇照明的管理水平。

2. 节约电力资源、降低运行成本

管理模式从人工巡检改为智能化监控，降低人员成本和车辆损耗。分站设备和路灯进行远程遥控、遥测和遥视，同时通过报警系统数据反馈，及时发现故障和问题，避免逐站逐点巡查和发现问题、反应缓慢，缩短设备维护和检修的周期，提高巡查设备和路灯的工作效率，降低设备故障率、事故发生率和被盗率。实现按需调控照明亮度，在确保照明效果的同时，最大限度地节约能源。减少"全夜灯"、"后夜灯"、电灯在后半夜高电压状态下工作的情况，延长光源电器寿命，进一步提高经济效益。

3. 提升城市形象

管理系统杜绝"该亮不亮、不该亮还亮"等问题的发生，面对异常天气、突发事件等情况解决"想亮不能亮"的问题。路灯维护及时，可以极大减少对照明管理部门的投诉，减少道路交通事故的发生，有利于城市治安，满足广大市民的需求，产生极大的社会效益，从而进一步提升城市的形象。

4. 提高照明服务质量

数字照明将城市建筑物、景观、绿化、广告照明统一管理，使平常日期和节假日、周末的灯光具有不同效果，充分改善人居环境。预防因停电、漏电等各种引起灾害的因素，合理布灯、开灯，明显减少人们夜间出行的不便，减少交通安全事故和乘黑作案的发生，提高交通安全和社会治安，为市民提供便捷、舒适、高质量的道路照明服务，营建良好的生活工作环境。

5. 实现城市节能降耗

节能减排、绿色环保是国家十二五规划的工作重点，数字照明系统的建设将利用高科技手段，真正实现"节约能源、提高效率，降低损耗"，是数字城市的重要组成部分。

10.4 示范工程介绍

济南市单灯控制节能项目是目前国内最大的单灯控制节能项目，获得2010年度全国市政行业市政工程科学技术应用二等奖。项目采用城市绿色照明节能管理系统对全市路灯进行智能化管理。

10.4.1 项目概况

济南市城市照明监控管理系统自 2005 年开始建设，2007 年建设完成，目前有路灯箱变 576 个，路灯 8 万余盏，采用城市路灯管理系统实现对城市路灯监控管理中心、控制箱和路灯三个层面的管理、监控和节能。

系统包括道路照明监控管理调度中心、通信网络、远程智能控制终端及单灯节能控制器、视频监控等部分，具有遥控、遥测、遥调、遥讯、遥视等"五遥"功能，是一个集监测、控制与节能于一体的管理平台，基本实现路灯变压器区域及单条线路的集中控制。济南市路灯控制方式起初采用手动控制、光敏控制及时间控制方式。2010 年以来，济南市市政公用局路灯处针对制约路灯现代化管理的"瓶颈"问题，采用公开招标、合同能源管理等模式，经过对原有系统改造升级、新建路灯提升工程、合同能源管理等阶段，开发、建设、应用具有国内一流水平的"数字化路灯"系统，充分发挥系统在路灯建设、管理、维护、节能工作中的枢纽与核心作用，实现对城市照明的系统控制，即在时间控制的基础上，监控中心根据天气情况的异常变化及特殊事件的需求进行手动或自动区域性的开关灯操作。系统采用无线专网或移动公网进行通信，可控制每一个变压器区域及单条线路。路灯单灯控制系统在区域控制的基础上，可以感知任一盏路灯的电参数，可以对任一盏路灯进行开关灯控制。

10.4.2 总体框架

济南市路灯单灯节能控制系统由三层物理结构组成。

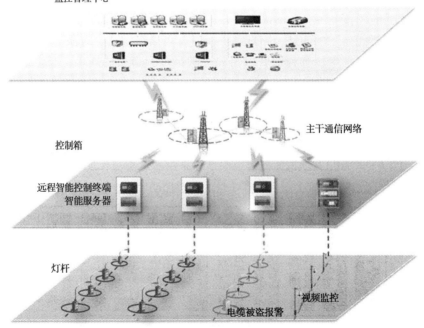

图 10-1 数字照明总体框架

第一层为监控中心，是整个系统的管理中心，负责整个系统的信息采集、数据管理和数据应用等。

第二层为控制及数据采集层，负责各单灯监控器信息的采集和监控、配电箱电能信息采集、回路运行参数采集和回路控制。

第三层为单灯监控器，是系统的信息采集源和监控对象。通信网络完成系统各层之间的数据传输，监控中心与集中器间的远程通信网络为公共无线通信网络，集中器与单灯监控器间的本地通信网络为电力线载波通信网络。

10.4.3 建设内容

系统的总体建设主要包括城市照明监测控制网络构建、城市照明地理信息普查、照明设施资源管理平台建设和照明智能控制系统建设。

1. 城市照明监测控制网络

城市照明监测控制网络以无线通信为主干网，以电力线载波通信为二级子网，从路灯灯杆到照明控制箱、从控制箱到监控中心的两级全覆盖照明监测控制网络，通过灯杆、控制箱、监控管理中心三层，对城市照明整体状况进行"点、线、面"实时测控。

2. 城市照明地理信息系统

依托数字市政地理信息平台，建成一个以完善的基础地理空间数据管理体系和数据服务体系为主要结构的地理信息系统，针对路灯设施量大且空间

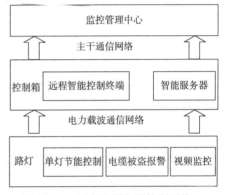

图10-2 城市照明监测控制网络

分布特性强的特点，借助先进的普查技术完成基础数据采集工作，将全市的路灯灯杆、灯具、路灯专用变压器、控制柜、光控、时控、电缆、检查井等设施在电子地图上进行定位标注，并与管理属性关联，按照行政区划、工作片区、管理维护工区划分，使其成为直观可视、图表结合、条理清晰、条块结合、便于查询、动态更新的照明设施空间数据档案，使其成为济南市路灯系统的空间信息载体和空间信息应用基础。

1) 普查对象

灯杆、灯具、箱变、控制柜、光控、时控、电缆、检查井等。

2) 数据整理入库

数据入库前要检查采集的数据的质量，检查合格的数据方可入库。

数据检查主要包括矢量数据几何精度和拓扑检查、属性数据完整性和正确性检查、图形和属性数据一致性检查、接边精度和完整性检查等。

数据入库主要包括矢量数据、DEM 数据、DOM 数据、元数据等数据入库。最后进行系统运行测试。

3) 数据分类存储

根据系统数据种类的不同，可以把数据库中的数据种类分成以下几类：基础数据、历史数据、统计数据、GIS 数据。不同种类的数据单独保存在不同的数据库中，这些库可以分步部署，也可以集中部署。

4）普查内容

编号、坐标、位置、权属、行政区划、工区、道路、高程、材质、回路、埋深、附属设施等。

3. 照明设施资源管理平台

在城市照明地理信息系统的基础上，将照明设施的空间属性与设计、规划、建设、竣工、运维等档案关联，关联城市照明工程建设进展，对照明设施基本属性进行添、删、改、查、输入、输出图表文档等管理操作，动态更新，改变以往照明设施管理中数据不准确、难以查询统计和数据更新慢、滞后等现象，实现照明设施的精细化管理，并实现与110报警定位数据共享。

济南路灯地理信息系统的建立，使可视化、面向对象的路灯设施管理成为可能，借助路灯资源管理平台，管理人员能够方便查看城市照明设施的状况，包括设施基本信息的浏览、查询统计、照明设施的维修情况、养护情况等，快速定位路灯设施的位置并进行管理，直接有效地提高对照明设施的监管能力，为济南市路灯系统规划、建设、管理与决策提供完善、优质和高效的空间信息数据管理服务，同时为扩展物资损耗核算、库房备品备件管理、维修管理、养护管理、值班管理等生产管理应用提供平台化服务。

平台具有以下功能

1）图层显示功能

地理信息系统由各种不同的地理信息图形和特征组成，而分层数据库是地理信息图形和特点的重要环节，要求图形组织采用层的概念组织和管理基础数据，层可以任意建立和叠加。地理信息系统的分层数据至少包含以下信息：地理坐标、水系、交通（道路、桥梁、铁路等）、城区边界、建筑、中心线等。

2）图层编辑功能

系统可实现新建图层，编辑图层，能够输入各种数据，包括图形数据和文字数据，实现地图的编辑，同时能够选择、修改图形输入的各种属性参数。

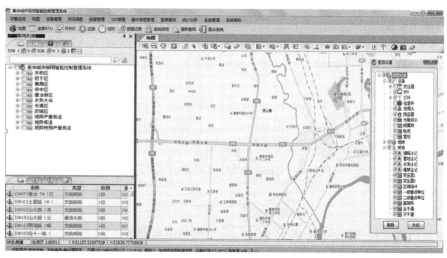

图10-3　图层编辑功能

3）照明设施故障报警定位

监控系统和地理信息紧密结合，建立相互一一对应关系，数据互相通信，实现监控系统报警信息在地理信息系统上的明确图形描述并确定报警故障类型和故障位置，系统智能分析出大概故障原因和解决办法，从而指导路灯运行的维护维修。

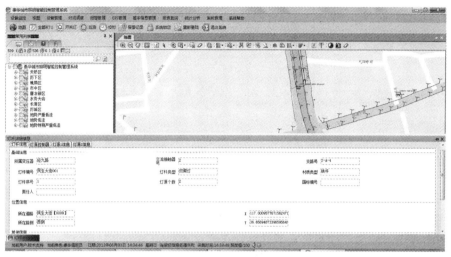

图 10-4　照明设施信息

4）照明设施定位

系统能够对监控终端、资产（电缆、灯杆、灯具、光源、变压器等）准确定位、查找并打印各种资产报表。

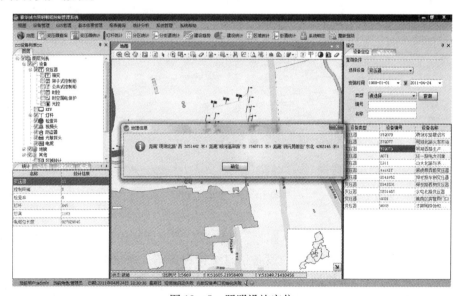

图 10-5　照明设施定位

5）其他设施显示

系统能够对城市道路、河流、桥梁、标志性建筑等进行查找、定位，检索到的图元在信息地图上有明显标示。

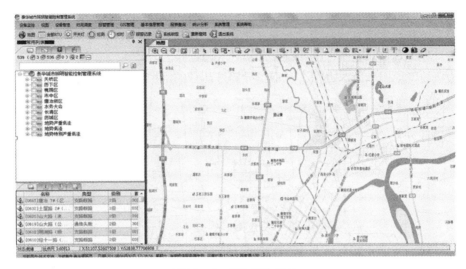

图 10-6　其他设施显示

6）缩放功能

地图实现无级放大、缩小等功能。

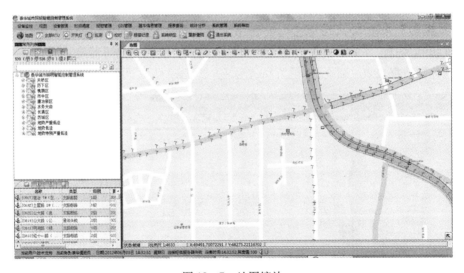

图 10-7　地图缩放

7）设备管理功能

系统能够对前端设备进行添加、删除、编辑和参数设置操作，随时可根据需要对设备进行分区管理，用户界面上显示相应设备信息结构树形图。系统能够实行控制的多样化，如整体控制（城控）、分区控制（面控）、线控、点控等控制方式。设备管理对前端设备进行详细的档案管理，包括信息的添加、编辑、删除、查询、参数设置、定位、统计、分析和开关灯控制操作。

图 10-8　设施添加、修改

8）条件查询

系统能够对各种城市照明设备及地图的各种数据进行多种组合查询，实现地理信息系统在城市照明控制系统中的重要作用，同时对各个查询结果输出打印。

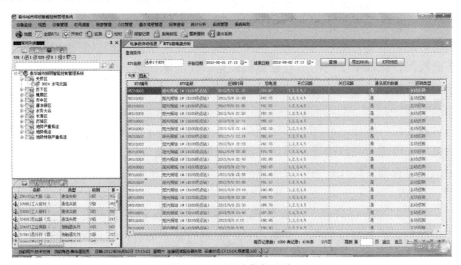

图 10-9　设施条件查询

4. 照明智能控制系统

以智能化的手段，实现照明设施开关遥控的分时、分区、分季节、分路段，对电流、电压、功率因数、用电量等遥测，对空开、交流接触器、控制箱开关、水位仪等的工作状态遥信，与视频监控系统对接实现对路灯设施及工作情况遥视，对开关灯时间、提前量、光照度、经纬度、校时、报警上下限值、调压设施的调压值、调压周期等工作参数和基础数据等的遥调，对灯具故障和电缆被盗报警信息实时采集并在电子地图上定位分析处理，对开关灯工作计划、节能控制预案等的编制和指令下发执行，对照明设施的无人自动巡查；通过检测数据对设施的节能评测和工作寿命分析预警，提供日常照明工作所需的各种查询、统计分析和报表等功能,实现城市照明的集中化、智能化、自动化控制管理及照明辅助决策分析。

1)遥控

自动集中开关、隔一亮一、隔二亮一、双臂灯单侧亮或隔盏关闭等控制预案。

2)遥测

电流,电压,功率因数,用电量,供电源停电、缺相,电源短路、开路,错误亮灯、灭灯,过/欠电压、电流,过/欠电容补偿。

3)遥信

空气开关跳闸或熔断器熔断,交流接触器失效,控制箱开关。

4)遥视

支持各类视频接入、系统无缝融合、视频任意调整、多屏显示。

5)遥调

开关灯时间、开关灯提前量、光照度、经纬度、校时、报警上下限值、调压设施的条压制、调压周期。

6)防盗报警

监测中心计算机可以及时监测并报告所有在线防盗监控前端的工作状况,实现数据的记录和管理,进行数据的统计。发现异常可以及时将故障定位,同时将现状报告给相关人员,管理人员可以随时随地地主动查询报警监测主机的运行信息。

7)GPS 校时

控制中心配备卫星自动校时系统,利用全球卫星定位系统所提供的准确计时,实现对系统的准确校时,保证系统内的所有计算机设备以及前端控制终端设备在时间上具有完全的准确性与一致性。

8)查询统计分析

可以对各监控终端任意时间的数据按照年、月、日进行查询、统计;可以定时将各监控终端的电压、电流、亮灯率等运行情况进行查询、统计;可以对任意一天的实际开关灯时间等记录进行查询、统计;可以对历史故障、登录信息进行查询和打印。

9)汇总报表

"三率"(亮灯率、好灯率、事故处理及时率)汇总表和节能量汇总表是对"三项管理"工作情况的汇总和高度概括,是城市照明设施的基本信息和能耗情况的直观体现,能及时反映城市照明的建设运营情况,为照明工作开展和决策提供准确数据依据。

5. 单灯节能控制系统

1)自动集中开关,根据城市路段车流量、人流量及特殊天气条件等情况实施按需、分时照明;在确保安全的前提下,使路灯按照集中开关、隔一亮一、隔二亮一、双臂灯单侧亮或隔盏关闭等控制预案,节能节电,节约维护成本,同时延长灯具的使用寿命,并能实现应急状态下的紧急控制。

2)实时监控每盏灯及线路的工作运行状态,采集和统计电流、电压、功率因素、用电量、接触器和空气开关状态、短路、开路等电参数,工作状态一目了然;能够进行用电量检测和记录,统计能耗数据,同时可以计算"三率"和预测灯泡寿命,为路灯养护提供全方位数据支持。

3）瞬时获知故障消息和电缆被盗信息并报警，通过电子地图定位、灯杆标志定位等手段准确定位故障位置，提高故障处理和防盗工作效率，节省人工及车辆巡检的费用。

4）可以远程对前端设备进行设置，并可调整其运行参数，实现不同的控制、监测预案，提高节能控制水平，增加养护管理手段。

5）接入并联动视频监控系统，对照明效果、节能控制状态、路灯设施安全进行全方位实时监控，以提高路灯控制管理水平，加大电缆防盗力度。

6）开发并引入移动智能控制系统，在安卓、苹果系统等移动通信设备上实现"遥控、遥信、遥测"功能和日常的维护管理、GIS管理、设备管理、设备运行参数管理、系统管理等功能，使领导、工作人员即使不在监控管理调度中心也可下发控制指令，对于巡查、现场养护、维修、调试、应急状态下的路灯控制发挥重要的作用。

项目方案实现对单盏路灯的实时在线监控和按需照明，满足路灯精细化管理的需求，节能效果显著，在城市路灯控制综合技术应用方面达到国内领先水平。

6. 移动监控系统

系统平台采用PDA手持监控终端的方式，实现"三遥"功能（遥控、遥信、遥测），以及日常的业务管理，包括用户认证模块及监控管理、维护管理、GIS管理、设备管理、设备运行参数管理、系统管理等。

10.4.4 项目创新

济南市单灯控制节能项目主要有以下创新点：

1. 国内首个单灯监控管理大规模应用案例

是国内城市第一个把智能照明监控系统与单灯节能监控管理相结合的大规模应用实例，实现对路灯单灯层面的监控，掌握每一盏照明路灯的实时运行状况，进行智能化管理。

2. 实现单灯故障检测

实现单灯控制与监测，每盏路灯的故障信息都会被传送到监控中心，便于及时、准确、方便地发现故障路灯，提高故障发现效率，节省人工巡检成本。

3. 实现真正意义上的地理信息系统与设施资源管理的结合

以地理信息空间技术（GIS）为平台，建立健全完善的路灯设施档案，实现设施资源信息在地理信息地图上的展示。将照明设施的空间属性与设计、规划、建设、运维等档案进行关联，结合路灯管理应用实际，建设具有实用性的资源管理平台，管理每个照明设施，包含光源、灯杆、电源、光源附属设备、监控设备、电缆、开关箱、维护车辆等的详细参数和使用情况信息。

4. 按需照明，合理节能

通过系统的单灯控制功能，实现路灯的单灯控制，结合路灯照明实际，采用合理的开关灯控制模式，实现按需照明，合理节能。

10.5 建设效益

系统投入运行以来，在节能、智能化管理、照明设施故障处理等方面都取得了很大的成效：

1. 经济效益

济南市实行单灯控制的路灯总量为 82510 盏，主要灯型为 400W 与 250W 的高压钠灯。结合已投入的开关灯模式，每天定时关闭 7 小时四分之一的路灯，400W 和 250W 路灯按平均 300W 进行计算，实现每年节约 82510 盏/4 × 0.3kW × 4000 小时 × 7/12 × 0.8024 元/kWh = 1159 万元的电费。

施行"隔灯亮"控制的地段、时段的节能率达到 20% 以上，路面照度均匀度达到国家标准。路灯、电缆故障"发现机制"由被动变为主动，改变了以前路灯设施养护主要采取人工巡检、热线报修发现故障的方式。电缆被盗报警及时，准确率高，定位准确，有效遏制和减少了电缆被盗现象的发生，大幅度减少了经济损失。

2. 管理效益

济南市"数字化路灯"以现代管理水平和科学手段，为城市照明的控制、调度指挥和规划决策提供强大实用的平台，全面提高城市照明综合控制管理的效率，取得了良好的效果。

3. 社会效益

12319 热线统计数据显示，市民对路灯故障的投诉量明显减少，社会效益显著，从而进一步提高了市民满意率和城市的形象。

第 11 章 数 字 供 气

城市天然气是清洁能源,对优化城市能源结构、改善城市环境、提高人民生活质量发挥着举足轻重的作用。按照国家"稳定东部、发展西部、开拓海域、西气东输"的总体规划,中国燃气产业发展已进入一个崭新的阶段。随着燃气经营企业市场化改革步伐的加快,供气规模的扩大和供气结构的变化,很多企业逐渐形成了集团和生产经营模式。

燃气企业面对着千家万户的服务需求,管理着全市范围内纵横交错的地下管网和大量设备。由于燃气具有易燃易爆的特性,容易引发燃气事故,故城市供气的安全管理必须予以高度重视。随着城市建设的快速发展、城市用气量的不断加大和人民群众生活水平的日益提高,市民对城市燃气企业的工作效率和服务质量要求也越来越高。如何进一步提高管理水平和工作效率,确保供气稳定、安全,为广大市民提供更加优质、便捷的服务是燃气企业一直追求的目标。传统的管理理念和管理方式已经不能适应发展的需要。利用高科技手段打造燃气产业科学智能管理势在必行。

11.1 数字燃气的背景

中国燃气行业市场巨大、前景可观,燃气市场的高速扩张期正在到来,城市燃气的普及率已是现代化城市的指标之一。而燃气行业的不断发展,带来了诸多衍生问题,主要表现在:人工绘制管网竣工图速度慢、时效差,不能及时反映经常变化的管网线路;人工抄表、收费的现状耗费大量的人力物力。

我国城市燃气企业从 20 世纪 90 年代初期起就不同程度地开始致力于管理信息系统的建设,在长期的探索、开发和应用过程中,积累了丰富的建设经验,企业信息化的水平不断提高。"西气东输"工程、建设信息社会等的出现,对燃气企业信息化的要求越来越高。过去以生产管理、管网管理、营业管理、信息化办公为主要核心的管理信息系统,得到长期的应用实践,已经成为城市燃气企业工作中不可缺少的工具。但与国际相比较,我国城市燃气信息化建设还存在相当大的差距。

1. 信息系统机制薄弱,生产的安全性低,对事故的应急处理能力差,资产利用率低,输配和管理成本高。

2. 信息化建设只完成了传统的业务流程管理,远未实现信息化带动企业现代化的目的。虽建设了基础数据库、积累了大量数据,但是尚不注重数据的整理和挖掘。

3. 缺少规范的燃气信息统一管理指挥平台,子系统各自为政,信息的处理和流转仅局限于本部门,不能在整个行业实现有效资源共享,信息孤岛现象严重。

11.2 数字供气的概念

"数字供气"是将计算机技术、3S技术、物联网技术、数据仓库、智能预测与控制技术有机地结合起来，构建城市供气业务管理系统群，实时采集与控制燃气管网运行数据，实现燃气生产、运输、供应、营业收费、客户服务等业务过程数字化和智能化管理，实现燃气设施管理的自动化和科学化，及时提供燃气运营管理所需要的信息资源和分析决策依据，实现城市燃气行业管理精细化、服务标准化。

通过数字燃气系统的建设把分散在城市各个角落的燃气管线、设备、用户资料等数据直接引入地下管网信息处理系统，实现更为直观的运行管理；实现城市燃气管线、储配气站、阀井、调压箱、气表等设施设备定位，实现燃气设施数字化管理；建立燃气用户档案数据库，如用户姓名、地址电话、汽表号码、用气量、报修情况记录等，实现远程抄表和用户档案管理数字化；实现对燃气管网运行压力的控制和流量的监控，通过异常流量发现泄漏点，及时组织抢险抢修，确保燃气管网安全运行。通过与银行系统的对接，实现用户燃气费多网点收缴。借助数字燃气系统内部数据的等级管理，实现数据的共享，为燃气管网的安全运行、改造和完善、规划与发展提供准确的参考数据。

11.3 数字燃气的应用服务及实现手段

11.3.1 数字燃气的建设目标

围绕燃气系统的安全运行、平稳供气和优质服务三个方面，立足于燃气存储与输配管理、营业管理过程销售与服务工作，总体考虑燃气行业规范和标准的业务流程，从地下管网系统、用户管理、燃气营销收费及账务管理入手，兼顾用户用气申报及气表管理，实现燃气公司营业管理的全面信息化、办公自动化、规范化。

1. 实现燃气设施的安全管理

燃气管网设施数字化和智能化管理，实现燃气设施全生命周期的管理。建立燃气运行监测监控预警网络，实时掌握燃气设施运行状况。

2. 以用户为核心创新服务体系，规范服务标准，提升服务水平

统一客户管理、客户业务和服务规范化。提供客户信息发布、计划、紧急事件信息管理、网点综合结算、自动消费服务、智能查询等功能，实现"一站式"服务。

3. 全面提高企业效率、透明度和决策的科学性

实现对燃气营业服务的数字化管理。燃气居民用户可以通过热线、公司网站进行查询服务，方便地了解各项燃气业务政策、查阅小区通气情况及个人基本信息，同时接受社会公众的监督。加大对重要信息的宣传力度，减少因信息滞后带来的损失，提高部门与部门之间合作办公速度。减少公司日常成本开支，为重大决策提供有用的参考依据。

4. 实现燃气安全、节能、高效应用

通过信息化规划的制定，避免重复投资和分散投资的风险，开展燃气物联网关键技术和燃气器具新产品的研发及应用示范，实现燃气安全、节能、高效应用。

11.3.2 信息化手段实现

数字供气系统，通过燃气管网设施数字化手段，实现燃气设施全生命周期的管理，建立燃气运行监测监控网络，实时掌握燃气设施运行状况，实现对燃气设施的规划、设计、建设、运行、管理、维护、更新等过程的可持续、动态化管理，为用户提供全面、准确的燃气数据服务，实现燃气管理以及运营过程的自动化、信息化管理，降低燃气管网管理成本，保障燃气管网安全。

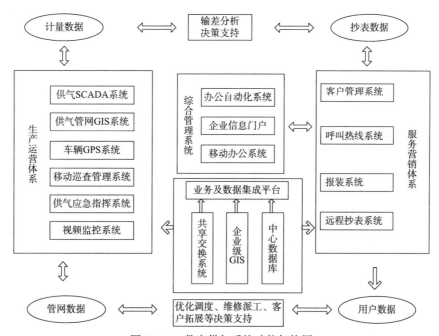

图 11-1 数字供气系统功能架构图

依托计算机网络技术、空间信息技术等，实现城市燃气基础设施的数字化、网络化、空间可视化，创新燃气管网管理模式，及时发现处理各类事件管理，进一步提升管网管理水平，为安全供气提供保障。系统包括燃气压力监测、泄露分析、设施养护、应急指挥调度、统一客户管理、营业收费管理、生产运营管理等。

燃气运营与服务系统包括管网管理、设施养护、事故处理、实时监控、监测预警、安全保障、应急指挥、客户管理与服务、生产运营管理等功能模块。

1. 管网管理

提供燃气管网建库、更新、管理的工具，实现燃气管网及相关资料的建库、更新、可视化查询、统计以及输出、三维浏览等功能。

2. 设施养护

设施巡查管理系统，全程掌握燃气管网的巡查养护情况。通过 GPS 定位与预设巡检路线，避免漏检现象。通过巡检问题的精确上报，避免谎报、误报，为管线问题排除提供直接依据。

3. 事故处理

当发生中压爆管时，根据中压管网环通情况、管道气流方向和该段管线的口径作气压分析，按照先影响中低压调压器再影响低压管网的顺序进行拓扑分析，同时查找最近相关阀门，并输出关闭相关阀门时造成的停气或降压的影响范围和用户。当发生低压爆管时，可快速输出泄露点管道的信息，包括管道口径、材质、接口类型等，并查找影响用户和影响范围。

4. 实时监控

包括城市级应用信息综合展示、采用软分屏多窗口同屏幕展示及信息汇总展示方案定制。以 GIS 地图为基础，综合汇总展示管网、SCADA、巡检等实时新消息，并且可查历史信息及对比显示。仿真展示主要应用与城市级运营调度过程，根据管网压力、管网拓扑，示意展示管网燃气的流向。

5. 监控预警

某个区域发生燃气管道的爆管事件，可以通过三种途径（客服报险、巡检人员发现、SCADA 系统监控异常）获取信息，然后传递到燃气企业、政府主管部门，让他们了解最近的阀门位置，再通知抢修部门到哪个区域关闭哪个阀门，完成抢修任务。特别是在气源紧张或发生重大事故时，跨企业的调度和补给就变得格外重要，从气源到关键设备、关键技能上，实现互通有无的调度。

6. 安全保障

在 GIS 地图上实时展示巡检人员的位置和运动轨迹，展示爆管分析方案，显示关闭阀门和受影响用户；展示停气保供方案，即根据供气量缺口展示受影响用户，展示停气工商户，展示保障供气用户。可以用不同颜色高亮显示停气工商户、受影响用户、已保障用户等。

7. 应急指挥调度

建立一套完整的燃气应急处置体系，参照燃气事故应急处理预案，结合企业的实际情况，保证对应急事件及时、有效、通畅的指挥决策。

8. 统一客户管理与服务中心

客户业务和服务规范化。客户管理系统涵盖燃气客户报装、设计、安装、运行等客户管理功能，能够有效满足燃气管理精细化、业务管理协同化、业务过程标准化、客户服务一体化的要求。

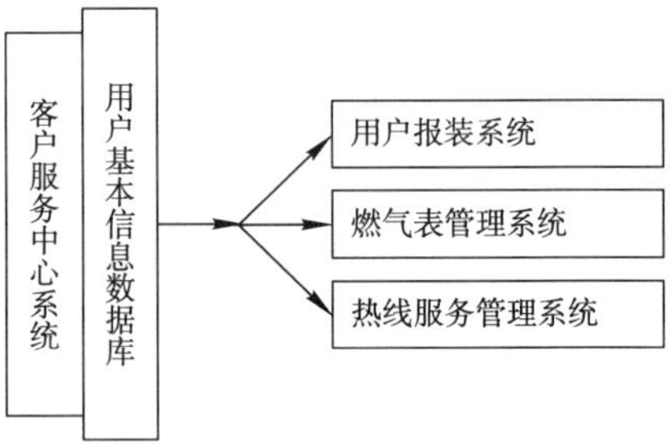

图 11-2 客户服务中心系统

9. 营业收费管理

营业收费管理系统覆盖直接面对用户的所有业务，包括抄表、收费以及与银行间水费代收数据处理等。营业收费管理系统是燃气企业整个信息化系统建设的一个重要部分，是燃气用户基本数据库的主要数据来源，是城市的基础性公益性大型数据库的一个组成部分。系统不仅完成营业收费的管理工作，同时数据将直接共享应用于城市燃气规划、城市输配燃气管网数学模型、城市 GIS 系统以及燃气企业各有关管理部门和各有关上级领导决策部门。

10. 生产运行管理系统

以实时动态管理系统为主，对包括燃气企业的主营产品——燃气的整个生产处理过程和把产品通过管网系统输送到千家万户的整个传输过程，以基本生产信息数据库为基础对燃气输配过程进行控制。基本生产信息的数据一方面用于生产运行，另一方面和基本用户数据一起作为管网建模和 GIS 系统的主要基础数据来源。通过管网模型和 GIS 系统的分析处理，得出的结果可以科学地指导整个生产过程的控制和合理的管网运行，以及为管网的建设和规划提供宝贵的数据。

11.4 示范工程介绍

11.4.1 项目背景

重庆燃气（集团）有限责任公司（以下简称：重庆燃气集团）是重庆市国计民生管理服务型骨干企业，属市能源投资集团的全资子公司，是以城市天然气储、输、配、销售，集成设施建设，燃气工程设计、安装、燃气计量检测为主的大型燃气集团公司。近年来，重庆燃气集团在生产运营管理体系中实施信息化管理，保障了公司天然气输配系统的管理、调度、运行的可靠、及时、准确，尤其是在事故情况下能够准确、及时地查找故障点，迅速判明受影响范围，指挥有关人员修复故障时应关、开的阀井，并及时通知受影响区域的用户停气，实现管网的动态跟踪。

11.4.2 总体框架

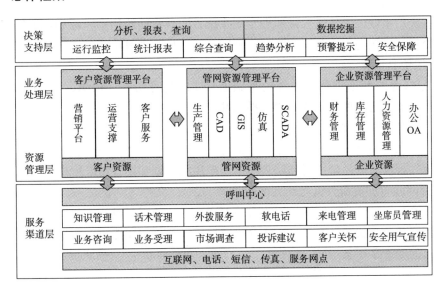

图 11-3 数字供气总体框架图

11.4.3 建设内容

1. 运营支撑系统

1）业务协同的开户维修安检稽查管理

支持与用户、表具、消费、营收信息共享协同，支持安装、维修、更换、拆除、用户开户、过户、销户、安检、稽查、整改等日常作业操作的联动。

2）多角度多部门的工程管理

全场景的业务协同：贯穿从受理、现场查勘、设计、施工、质检、验收、归档、通气等全环节；实现进度、材料、预决算成本、合同、收付款、文档管理多维的工程管理。适用于报装、移装、迁改、批量换表、拆除等各类燃气工程。

3）同步集成的物资库存管理

支持多级库存管理，可按需制定采购计划和调拨处理，与工程管理集成，自动产生领用计划。执行后实时显示领用数量；与工单系统集成，可反馈登记耗材信息，支持维修工材料领用数量统计分析，有效控制成本。

4）贯穿业务流程的工单管理

基于流程可定义、内容结果可客户化的工单系统，支持各类工单（维修、安装、表具、销售、安检、稽查）在各业务职能部门的流转，从而实现业务的全程管理。同时实现客户信息自动关联，设备信息自动关联，设备故障规范描述，实现工时、耗材统一管理。

2. 管网资源管理信息系统

整合 SCADA 系统、地理信息系统、仿真系统，以实现数据交换和共享，为智能调度决策提供一个高水平的信息平台，实现燃气管网远程控制、科学调度。

1）SCADA 系统

通过广域网与各监控站点建立通信，获取燃气管网运行的实时数据，实现 SCADA 系统的遥测、遥信、遥控、遥调功能，完成对全管网数据集中监控和调度管理。

2）GIS 专用系统

建设重庆市主城区天然气管网地理专用系统，实现管网的集中监控和调度管理，实现紧急事务处理、管线完整生命周期管理、管网强制巡检管理等功能。

3）模拟仿真系统

在 SCADA 系统和地理信息系统的基础上，实现各种仿真、预测、离线决策、培训、辅助设计等功能，为调度决策的最优化提供基础。

（1）燃气需求量预测

工业用户和民用气户（居民、集体、商业户）的燃气具、用气户数、用气人口以及对工业户的用气规模、产品量进行预测。根据厂矿用气计划和用气情况给出供气方案。

（2）管网输差、负荷分析与动态平衡

应用输差分析理论，由计算机系统对输差产生的各种因素进行定量、定性分析；综合分析整个管网的负荷状况、输差分配状况以及现有的测控调度能力，作出最优调度策略使其达到相对的动态平衡状态。

（3）管网优化设计、管网供应及优化调度

根据全市管网的运行状况、石油部门供气量、储配站储气量、用户用气量需求、各监测点等情况应用优化理论作出相应的调度策略。

（4）管网可靠性分析

用数学模型建立的模拟管网的情况，与实际的管网用气状况作对比，反映整个管网系统的可靠性程度。

4）燃气管网编辑系统

燃气管网编辑系统实现管网动态流程模拟。系统中流量、压力等数据来自于测控点，管道、阀井、阀室等设备的数据均来自于实测数据，因此模拟运行过程反映了实际过程。

(1) 动态流程图显示

与遥测系统相结合，采用"两级"显示与其他显示方式。"两级显示"是在总调室和各分公司等二级管理部门显示全市、各分区的管网动态流程。其他显示方式为按管径、按管网压力、流程图分层显示。

(2) 动态流程图编辑系统与动态流程图数据库建立。

(3) 统计、计算、检索。

3. 遥测监控系统

系统实行"三级监控"和"两级调度"运管模式。

1) "三级监控"：第一级由管网上的重要节点、无人站、住人站、储备站组成。这些点、站是天然气输配直接监测和进行控制操作的生产一线场所；第二级为各个监控点、站的直管部门；第三级为公司总调室，实行全系统管理监督控制。

2) "两级调度"管理：第一级为公司总调室对全市管网进行压力、流量平衡控制调度；第二级为二级监控部门对管网压力、流量平衡控制调度进行监督，保障第一级财务指令实施。

4. 抢险调度决策系统

1) 管网动态流程控制

全市管网动态流程管理分三级控制管理。最高级为一级控制管理；第二级为气站、阀室工艺流程控制和调压箱二级管理；第三级为用户管理。

(1) 球罐站场、气站阀室工艺流程

通过遥测监控系统来对各级站场工艺流程、各种设备、信号、测控点数据的采集进行管理，并与其他系统多层次相互叠加、相互调用。

(2) 阀井、管道控制管理

①阀井、调压箱编号与阀井管理

根据行政区、片区，采用八位数编号规则，由计算机自动编号。编号应严格按照小区、阀井（室）、调压箱的隶属关系进行。

②调压箱二级管理与用户管理

主要是阀井对调压箱的管理以及根据调压箱与用户楼栋的挂接关系而对每个用户进行管理。

2) 故障抢险调度决策

(1) 故障区环网动态流程示意

当系统自动（监测点）或人工（非监测点）报警后，以此为起点，沿故障点气源方向逐路去查询与该点直接相连的一级阀室、阀井、管线，受影响的设备和管线将自动闪烁，系统逐路进行判别后，逐个确定受影响范围；当该故障点处于环网状态时，系统自动按不同的气源流动方向逐路进行判别，一直查询到与该气点源成唯一关系为止。当某一路径查询完毕后原路返回，再查第二条路径，直到查完所有的路径为止。这样就圈定了一个最小封闭区。在检索过程中，若遇到阀门失灵的情况，将检索路径自动向上一级阀推进，使封闭区自动向外延伸。

(2) 故障区检索分析及受影响区域的划分、决策

沿封闭区内的每个阀井逐路往下检索它所管辖的每个调压箱，直至每个用户；本过程结束后，受影响的调压箱和用户数目就圈定了。系统根据圈定的大小封闭区，能自动给出

几套停气方案，供选择施工抢险最容易的一套进行，最大程度地减少故障影响。

5. 燃气营销管理系统

营销管理是重庆燃气集团的核心业务，该系统实施信息化是重庆燃气集团改变经济增长方式、加快自身发展的迫切需求。

1）完整的客户信息管理

系统在实现工商客户、居民客户、团缴户的基础信息、表具信息、燃气用具信息、账户信息、用气历史信息管理的同时，建立客户信息与管网信息的关联，为燃气公司关心的输差分析奠定基础。

2）多种抄表方式和收费方式

系统实现手工抄表、机具抄表、团缴抄表、工商户变周期抄表等多种抄表方式。提供预付款交费、门店现金、支票交费、银行实时、批扣、托收等方式。

3）普表与IC卡表的统一管理

系统首先实现不同厂家的IC卡信息格式、IC卡操作和相关编码的统一，实现普表与卡表客户信息管理的统一、普表与卡表维修操作的统一、普表交费与卡表购气统一。

4）抄收系统与业务系统关联

系统实现开户、过户、销户等业务类操作与抄收系统的关联，实现挂表、修表、换表、拆表、停表等技术类操作与抄收系统的关联，实现业务操作与技术操作的关联。

5）辖区管理与跨区收费

系统实现营业厅跨辖区收费，大大方便客户，提高客户的满意度，实现全公司统一的收费，同时按照辖区管理预付款、找零续存、绩效考核等业务。

系统还在全国燃气行业率先实现各厂商IC卡在同一平台中管理运行。通过制定统一的数据平台接口规范，供国内主流IC卡智能表厂商接入，将IC卡智能表用户和普通表用户纳入统一系统进行管理，并从IC卡获取表具使用信息，为稽查偷气漏气提供科学依据。同时，严格控制用户购气，防止恶意囤气等。重庆燃气集团还积极探索第三方通用型代收费平台的建设之路，为市政环卫代收垃圾处置费、收费手续费。

系统在过去管理站收费、服务模式的基础上，利用无线移动等多样化的通信方式，增加首付服务到小区、收费服务到校区等服务模式，并根据客户的分类，对应提供个性化服务。同时，利用社会公众平台，向用户提供银行代收、代扣、网上银行、小区自助缴费等多种缴费渠道，用户足不出户就可以缴纳气费。

6. 客户资源管理信息系统

燃气客户资源管理信息系统包括客户基础信息管理、客户基础设备信息管理、客户财务信息管理。客户基础设备管理包括：计量表具信息管理，用气信息管理、缴费信息管理；用气器具信息管理，维修信息管理、安检信息管理。

7. 客户服务管理系统

1）强大的客户联络中心平台

建立基于互联网应用的高稳定性呼叫中心多渠道接入和呼出系统，可实现电话、互联网、传真、短信等多媒体接入、呼出多种服务，支持对客户信息多渠道的收集、更新、完善。

2）全面科学的服务质检和监控平台

实施坐席的全程数字录音和质检监控管理，开通大屏幕监控显示系统，全面提升客户服务的质量。

3) 深度整合的服务运营平台

服务运营重要环节，开设咨询、查询、投诉，报装、报修、开（过）户、封、堵、停等各类燃气业务的受理、跟踪、工单派发、业务催办、服务回访；实现紧急故障的呼叫中心接听与调度中心集成联动，以呼叫中心实现各职能部门的业务协同，优化整合原有的燃气业务；同时整合收费系统，开通气费余额查询、停气通知、气费催缴、客户关怀、市场调查等业务功能。

4) 高效便捷的移动外勤服务交互平台

对通过客户服务中心接受到的各类用户服务请求，实现移动手持设备的接收、反馈，支持集团高效的扁平化管理。

11.4.4 项目创新

1. 创新管理与服务模式

重庆燃气通过信息化手段固化业务流程、量化绩效指标，落实管理理念，创新服务模式，扩展服务渠道，实现新的产品，为企业直接带来客观效益。

2. 提升供气运行安全调控

控制中心能对全部管网各监测点上的压力、流量进行定时和连续测量，调入人员通过显示器观察掌握。在管网运行过程中，系统根据测得的数据与给定值连续不停地进行比较计算，将所得偏差值进行负反馈调节，使系统输出始终稳定在给定状态上。其中主要调节参数是压力。在调节中用"人工调节"改变给定状态，以"自动调节"实现无扰动切换，实现燃气供给的安全与智能化决策指挥。

3. 借助信息化手段，支撑产业战略

重庆燃气通过信息化迅速整合加盟收购企业，助力集团扩张战略与有效执行。

11.4.5 建设效益

1. 2008年8月1日，由重庆燃气集团、环卫局、开发商银证公司，市政府牵头，依托重庆燃气精准客户地址信息，科学的营销服务平台，以及丰富的营业厅和银行缴费渠道，全面开通代理政府行政事业进行垃圾费征收管理服务，开启重庆燃气集团增值服务的创新航程。

2. 原环卫局通过自来水渠道进行代收，效果极差。通过与燃气合作的试点，代收率提升约90%，系统开通后可为环卫局代收处理费，重庆燃气集团为此将获得全面增值代收服务收入，取得良好的社会和经济效果。

3. 系统的建成投运，满足各级管理需要；系统开放性高，能满足各类收费平台的接入需求；系统以用气地址为核心，支持多样化的客户服务。系统运行后，收费员处理单笔收费的时间由原来的1分多钟缩短到20秒左右，工作效率提高约70%，减少用户排队时间，极大缓解柜台压力、解决老百姓的缴费难问题，提高了企业精细化运营管理能力。

4. 数字燃气集中了企业价值资源，助力了产业流程的整合、再造和优化，提供了创新的服务手段和产品，支持企业品牌扩张。

第五篇
数字市政的展望

市政公用事业具有基础性和普遍服务性，数字市政的发展也具有持续性。在我国工业化、城镇化快速发展的新阶段，通过市政建设的不断深入、监管体系的不断完善、行业管理的不断创新，数字市政的建设将会更好地促进市政公用事业发展，更好地实现资源节约和环境保护，切实转变城市增长方式，有效提高城镇综合承载力。

一、近期任务

中国数字市政的发展目标是建设宜居、宜业、安全、便捷的现代化城市环境。发展的根本思路是：坚持以人为本，为广大群众创造良好的生活生产环境，满足群众不断追求更高生活品质的要求；感知设施运行状态，建立行业监管与预警体系，提前预判并处理各类问题；不断创新市政管理模式，提升服务效能，实现长效管理机制；依靠政府、企业和广大群众的共同努力，推进市政环境的持续优化。

因此，数字市政也将围绕满足市民需求和城市可持续发展的目标，推进现代市政公用行业发展，改变目前存在的重眼前、轻长远，重地上、轻地下，重新建、轻配套的现状。从数字市政的长期建设需求来看，将重点完成以下发展任务：

1. 建立健全有助于市政公用事业健康发展的监测监管体系

辅助政府不断完善自身职能，更好地承担起市政公用事业的调控和监管地任务。监管的主要内容包括：市政公用基础设施运行状态监管，突发事件预警与处置，市政产品服务质量、标准监管，运行能耗监管等。建设一套科学、有效、权威的数字化监管体系，客观、全面地反映设施规划、建设、运行、养护的全生命周期状态，为市政公用行业的科学有效管理提供决策依据。

2. 提升市政薄弱环节的科技含量，以数字化手段感知与服务民生

城市供水、排水、供气、供热等地下管网是城市的生命线，对于保障市政公用基础设施安全可靠运行有着十分重要的作用。要加大城市管网的信息化力度，重点解决供水管网漏损、水质改善、燃气管网泄漏、供热管网泄漏等问题，建成设施安全运行监测体系，重要节点配套预警报警系统。

3. 健全市政公用基础设施防灾标准，建立突发事件的快速反应机制

完善设施防灾技术标准体系，建立市政公用基础设施的数据库和实时监测系统，构建上下联动、横向集成的风险防范预警平台，保证设施的安全运行和重大灾害的应急处置。

4. 促进科技进步，提高市政公用事业现代化水平

运用现代信息、网络技术，不断优化市政公用事业管理方式和流程，提高市政公用事业科技含量。重点建立城镇水力模型，实现供水优化调度；运用化学检测、生物预警等手段，构建从源头到龙头的水质监测体系；采用超声波测漏等手段进行管网漏损监测，提高管网运行能力；采用先进的应力、应变、位移监测手段，保障桥梁健康；建立智能化的公

交调度系统和路灯单灯节能控制系统。

5. 以供热体制改革为突破口，全面推进节能减排工作

以信息化手段实现供热计量收费工作，安装分户用热计量装置和温控装置，按用热量支付费用，提高供热效率。采用物联网技术，在各行业的主要耗能节点安装能耗监测设备，即时感知设施能耗数据，制定科学有效的能耗管理方案。加大全行业节能减排的技术改造力度，配合国家宏观战略，为构建可持续发展的和谐社会作出贡献。

以科学发展观为指导，充分发挥市政公用智慧型产业优势，集成先进技术，推进信息网络综合化、宽带化、物联化，加快智慧型的水、气、热等行业地下管网信息化进程，深化城镇防汛、智能照明、城镇道桥等领域智能化应用水平，全面提高市政公用基础设施利用效能、行业管理水平和市民生活质量。经过若干年的努力，建成一个基础设施先进、信息网络通畅、科技应用普及、生产生活便捷、行政管理高效、公共服务完备、生态环境优美、惠及全体市民的智慧市政生态系统。

二、下一步展望

随着物联网、云计算等高新技术的普及，智慧的应用将是数字市政的发展趋势。创新的智慧模式将市政公用行业管理由"P2P的无限沟通"带入"M2M物联时代"，政府职能从"管理主导型"转变成"服务主导型"，打造数字政务、数字产业和数字民生。智慧市政是以智慧的网络、智慧的基础设施、智慧的应用体系和智慧产业不断发展为特征的。

1. 智慧的网络

在不远的未来，特别是"十二五"建设期间，信息化基础设施建设要按适度超前的目标，建设宽带、泛在、融合、安全的信息化基础设施，以"第四代无线通信（LTE）"、"下一代互联网（IPV6）"建设及物联网、云计算等关键技术研发创新为核心，大力推进"三网融合"工作，大力推动基础网络建设；完善无线宽带网络建设，进一步加大无线宽带WIFI热点覆盖密度，完善与3G网络的应用融合。

2. 智慧的基础设施

提升基础设施智能化水平。加大信息技术在市政公用事业和基础设施建设、管理领域的推广应用力度，引入传感器、物联网等技术提升对城镇运行感知监测能力，建立先进的地下管网、交通、电力、供水、供气等行业监测、控制与管理系统，实现管控一体化目标，大幅提高基础设施的可控性、安全性和可靠性，显著提升城镇管理的精细化、人性化和智能化水平，努力营造安全、有序、祥和的城镇环境。

3. 智慧的市政门户

整合政府门户网站和服务热线，在"12319"市民热线、市政公用局网站、社区信息服务网点基础上，打造"市政智能门户"，与局管理中心、企业管理中心等公共服务平台无缝连接，在各类政务、商务、事务办理方面为市民提供方便快捷的公共服务，全面提高为民办事服务水平。

4. 智慧的云数据中心

市政数据中心建设是"智慧市政"建设的核心项目，是市政公用云计算服务平台的主要载体，总体目标是打造一个集"技术服务、资源服务、管理服务"三位一体的电子政务建设和管理模式，建立完善的运行管理体系、安全保障体系和标准规范体系，从而加强资源共享，减少重复建设，营造共建共享、互联互通、综合应用的电子政务建设环境。

数据中心主要功能是提供符合各项标准的机房资源和各类设备托管服务；提供高速、可靠政务内网接入和统一安全的互联网访问；建立容灾备份系统，为各部门提供数据存储和数据备份服务；建立信息资源交换与共享平台，提升信息资源的利用和管理水平；建立政务信息资源目录体系，更好地为各部门业务协同提供数据支撑；建立信息化专业人才队伍，为局及企事业单位提供信息化规划和咨询服务。此外，引入云计算概念，打造绿色的云计算数据中心和服务平台，建设虚拟化服务器、虚拟化存储和虚拟化桌面终端等基础设施云计算平台，形成市政公用行业的"基础设施云、应用软件云、信息资源云和技术服务云"等云计算服务平台，统一部署数据交换、音视频、邮件服务等共性应用系统，大力减少重复投资。

5. 智慧的市民卡通

进一步加大市民卡应用领域拓展力度，加强与供水、供热、供气、交通等部门的协同合作，以市民卡为载体实现各类便民公共服务；努力拓展市民卡在公用事业缴费以及小额电子消费领域的应用。进一步拓展与农行、中行、交行等金融机构和其他信息服务企业的合作，增加服务网点、开通自助圈存等便民服务，实现办卡、使用、挂失方面的一站式服务。

6. 智慧的交通调度

利用物联网技术建设一个以全面感知为基础的新型智能交通调度系统，已成为解决车辆运行调度问题、重大及突发事故快速处理的重要手段。智能交通调度项目建设的核心内容是采用无线射频（RFID）、高速影像识别处理、GPS等技术，使高速运行的车辆能够被"感知"，相关数据能够实时采集、整理和分析，有效解决车辆自动识别、动态监测及智能调度等难题，逐步实现车辆精准管理、全局动态调度，提高交通运行效率，保障通行畅通有序。

7. 智慧的应急指挥体系

智慧市政应急指挥体系主要由智慧公共安全综合管理平台、安全监控统一管理平台、应急指挥联动平台、灾害防控管理平台以及各级安全保障部门已经建设的多个信息化系统组成。其中"智慧公共安全综合管理平台"是智慧市政应急指挥系统的最顶层平台，集中整合和展现应急指挥各项业务。"安全监控统一管理平台"是将全市由供水、供气、供热、排水、防汛、道桥、公交等各个权属部门在所管辖范围内布置的视频监控资源进行有效的整合和管理。"城镇灾害防控综合管理平台"实现包括灾害预测资源整合、灾害防治部门管理、对外宣传等多项综合性业务。"城镇应急指挥联动平台"将各相关职能部门紧密联系起来，对各种突发事件进行预先的应急预案设定，并动态调集相关力量快速处置，高效、智能地应对各种突发事件。

三、结语

中国数字市政专业学组是在中国城市科学研究会下设分支机构数字城市专业委员会领导下的市政公用信息化专业学术交流与研究机构，是通过联合产、学、研、企、商各单位与政府部门，共同研究、探索符合我国国情的"数字市政"信息系统建设模式、工作机制、技术支撑等，提升各城市市政公用管理工作现代化、信息化水平，促进行业健康发展的非营利性学术团体。

时至今日，学组已成立一年有余。在学组成员积极参与及上级领导的悉心指导下，编写组完成了数字市政专业年度发展报告的编制工作。时间仓促，其间不妥之处，恳请广大读者指正。

下一步，学组将会在中国城市科学研究会、数字城市专业委员会的领导下，积极开展工作，努力推进我国数字市政公用事业的不断发展。主要的工作内容是：研究国家数字市政发展政策法规，推广数字市政发展的新理念、新技术、新设备，加强各城市"数字市政"建设，搭建市政公用信息化建设工作沟通交流、政策技术培训平台，开展多种形式合作，推动各城市"数字市政"共同发展，促进市政公用事业持续、健康、协调发展。

参 考 文 献

[1] 王云江. 市政工程概论（道路桥梁排水）. 北京：中国建筑工业出版社，2007
[2] 高正军. 市政工程安全员一本通. 武汉：华中科技大学出版社，2008
[3] 建设部课题组. 市政公用事业改革与发展研究. 北京：中国建筑工业出版社，2007
[4] 王家耀，宁津生，张祖勋. 中国数字城市建设方案及推进战略研究. 北京：科学出版社，2008
[5] 杨励雅，池海量. 城市市政公用设施数字化管理. 北京：中国人民大学出版社，2009
[6] 麻清源. 数字化城市管理信息平台. 北京：中国人民大学出版社，2009
[7] 郑国. 国内外数字化城市管理案例. 北京：中国人民大学出版社，2009
[8] 陈炳水. 市政学. 北京：中国环境科学出版社，2010
[9] 城市市政综合监管信息系统管理部件和事件分类、编码及数据要求 CJ/T214-2007. 南京：凤凰出版社，2007
[10] 李虹. 物联网与云计算：助力战略性新兴产业的推进. 北京：人民邮电出版社，2011
[11] 王佃利，张莉萍，高原. 现代市政学（第三版）（公共管理系列教材）. 北京：中国人民大学出版社，2011
[12] 仇保兴. 中国数字城市发展研究报告（2010年）. 北京：中国建筑工业出版社
[13] 朱定局. 智慧数字城市并行方法. 北京：科学出版社，2011
[14] 郝力，谢跃文. 数字城市. 北京：中国建筑工业出版社，2010
[15] 刘兴昌. 市政工程规划. 北京：中国建筑工业出版社，2011
[16] 李林. 数字城市建设指南. 南京：东南大学出版社，2010
[17] 郭理桥. 现代城市管理和运行的公共基础平台. 浙江：浙江大学出版社，2010
[18] 吴军胜. 漏水检测技术在供水管网漏损控制中的应用. 郑州：郑州市自来水总公司
[19] 陈岩，卢强. 物联网、数字化市政技术在包头市市政设施数字化监控与管理系统中的综合应用. 包头：包头市市政工程管理处，上海：中国电子科技集团公司第五十研究所，2010
[20] 朱慧娈. 中外水务管理体制的比较和思考. 南京：河海大学水资源环境学院
[21] 王强. 英国水务行业经济监管体制. 上海：上海城投公司
[22] 牛春媛. 城市公用事业市场化进程中的政府监管. 天津理工大学，2005
[23] 张建军. 论我国市政公用事业改革模式的选择. 中国海洋大学，2008
[24] 丁倩. 我国市政公用事业管理体制改革研究. 中国海洋大学，2009
[25] 胡德超，蔡玉胜. 城市公用事业管理体制改革的国际经验及启示. 长春：吉林大学行政学院，天津：天津社会科学院城市经济所，2007
[26] 吴庆玲. 对中国市政公用事业政府监管体制改革的思考. 北京：首都经济贸易大学，2008
[27] 丁浩，范合君. 国外市政公用事业监管及对我国的启示. 徐州：徐州师范大学，北京：首都经济贸易大学，2007
[28] 秦虹，盛洪. 市政公用事业监管的国际经验及对中国的借鉴. 北京：建设部政策研究中心，北京天则公用事业研究中心，2006
[29] 范合君，柳学信，工家. 英国、德国市政公用事业监管的经验及对我国的启示，2007
[30] 杨学军，董妍伽. 英国、美国、新加坡公用事业监管的做法及启示. 天津：南开大学国际经济研究所，天津：天津外国语学院，2008
[31] 陈平. 中英城市公用事业管理体制比较. 浙江：杭州商学院工商管理学院，2003

［32］苏幼坡，刘瑞兴，杨珺珺．日本东京煤气管网地震实时防灾系统综述．唐山：河北省理工学院地震工程研究中心，2000

［33］冯小明．日本供水事业综述．上海：上海自来水公司

［34］张润田．日本城市公共交通考察报告

［35］邵靖邦．日本城市生活垃圾处理现状及发展趋势，2009

［36］曹志月，刘岳．地理信息的时态性分析及时空数据模型的研究，2001

［37］汤庸，叶小平，汤娜．时态信息处理技术及应用，2010

［38］汤庸，叶小平，汤娜，吉永杰．高级数据库技术，2005